BIBLIOGRAPHIE RAISONNÉE

DE

LA FAUNE ET DE LA FLORE LIMNOLOGIQUES

DE L'AUVERGNE

PAR

C. BRUYANT

Licencié ès sciences naturelles
Préparateur à l'École de médecine et de pharmacie

AVEC TABLEAUX ET PLANCHES HORS TEXTE

PARIS

LIBRAIRIE J. B. BAILLIÈRE ET FILS

19, RUE HAUTEFEUILLE, 19

1894

BIBLIOGRAPHIE RAISONNÉE

DE

LA FAUNE ET DE LA FLORE LIMNOLOGIQUES

DE L'AUVERGNE

PAR

C. BRUYANT

Licencié ès sciences naturelles
Préparateur à l'École de médecine et de pharmacie

AVEC TABLEAUX ET PLANCHES HORS TEXTE

PARIS

LIBRAIRIE J.-B. BAILLIÈRE ET FILS

19, RUE HAUTEFEUILLE, 19

1894

BIBLIOGRAPHIE RAISONNÉE

DE

LA FAUNE ET DE LA FLORE LIMNOLOGIQUES

DE L'AUVERGNE

La station limnologique de Besse, fondée par M. le docteur Girod et M. A. Berthoule, étant désormais ouverte aux naturalistes qu'attire l'exploration d'une contrée privilégiée (1), il nous a semblé opportun de grouper les données que nous possédons sur nos lacs. Ces données sont éparses dans une foule de mémoires et fort restreintes. A part certains chapitres, l'histoire des lacs en Auvergne est seulement ébauchée; à l'étranger, au contraire, entreprise depuis longtemps, elle a donné des résultats féconds ainsi qu'en témoignent les annuaires des laboratoires spéciaux tels que ceux de Plœn dans le Holstein et du Michigan en Amérique. Aussi la présente étude ne doit-elle être considérée que comme une introduction. Le peu que nous avons ajouté nous-même aux faits déjà recueillis sera vite exposé; l'ensemble fournira simplement une sorte de programme destiné à signaler ce qui est acquis et par là ce qui reste à faire.

(1) Comptes-rendus de l'Association française pour l'avancement des sciences, 1893, Besançon, t. I, p. 255.

I.

ÉTUDE PHYSIQUE DES LACS.

L'étude précise et détaillée des lacs, la limnologie en un mot, n'a été abordée en France que dans ces dernières années. Les lacs d'Annecy et du Bourget furent les premiers étudiés (FOREL et IMHOF). En 1887, MM. Dollfus et Moniez publièrent le résultat des pêches faites lors d'une exploration au lac de Gérardmer (Entomostracés, Hydrachnides et Vers), tandis que M. Petit signalait un certain nombre de Diatomées recueillies dans divers lacs des Vosges (1).

Depuis, chaque région a eu ses explorateurs. MM. Thoulet, Magnin et Belloc ont particulièrement scruté les lacs des Vosges, du Jura et des Pyrénées. M. Delebecque, au cours d'une longue campagne, a relevé les sondages des principaux lacs français et signalé bien des particularités physiques encore ignorées (2).

(1) Feuille des jeunes Naturalistes, n° 212, p. 105 et 114.

(2) Thoulet. C.-R. Acad. des Sciences, 1891, p. 58; 13 février 1893.

Magnin. C.-R. Acad. des Sciences, 24 avril 1893.

— Ass. fr. av. Sciences, Marseille, 1891, t. I, p. 228; Pau, 1892, t. I, p. 215 Besançon, 1893, t. I, p. 242.

— Revue générale de botanique, 15 juin 1893.

Belloc. C.-R. Acad. des Sciences, 25 mai 1891, 18 juillet 1892.

— Ass. fr. av. Sciences, Marseille, 1891, t. II; Pau, 1892, t. II, p. 526, 358, 412 et 516; Besançon, 1893, t. I, p. 242 et 224.

— *Le lac d'Oo, sondages et dragages.* Paris, Leroux, 1890.

— *Diatomées observées dans quelques lacs du haut Larboust.* Le Diatomiste. 1890.

Delebecque. C.-R. Acad. des Sciences, 22 décembre 1890, 5 janvier 1891, 20 avril 1891, 4 janvier 1892, 19 avril 1892, 20 juin 1892, 4 juillet 1892, 27 mars 1893, 20 novembre 1893.

— Atlas des lacs français (1891-1892).

— Archives des Sciences physiques et naturelles, Genève, nov. 1892, p. 482 et 491.

— Annales des Ponts et Chaussées, déc. 1892.

Voyez aussi les Mémoires de Forel, John Murray, Soret, Fol et Sarrazin, Regnard, Brun, Duparc, etc., etc.

L'Auvergne n'est pas restée en arrière. Sous la direction de M. le docteur Girod (1), MM. Richard et Eusebio (2) ont entrepris, depuis 1886, une première campagne d'exploration et ont publié avec lui les premiers résultats concernant la faune inférieure lacustre (Spongilles, Cladocères, Copépodes). En 1890, M. A. Berthoule publie un ouvrage de longue haleine, d'une lecture captivante, où l'on trouve avec la description pittoresque de chaçun de nos lacs les renseignements les plus précis sur la faune ichthyologique, naturelle ou introduite (3). Enfin tout récemment un éminent botaniste, F. Héribaud, vient de nous donner un magnifique travail sur les Diatomées d'Auvergne (4). C'est l'œuvre la plus complète que nous possédions en France dans cet ordre d'idées.

Les lacs dont il sera ici question, c'est-à-dire la moitié environ des lacs d'Auvergne, forment un groupe assez bien délimité. A part le « gour » de Tazanat, isolé au nord, ces lacs sont étagés sur les premières pentes du massif du Mont-Dore. Grâce à la beauté de leurs sites, à la richesse de leurs eaux, ils sont pour le touriste autant que pour le naturaliste des buts choisis d'excursion. Nous ne pouvons pourtant songer à les décrire : ce travail a été fait de main de maître (5), il serait téméraire pour nous d'y revenir.

(1) Dr Paul Girod. *Les Eponges des eaux douces d'Auvergne.* Travaux du Laboratoire de zoologie, t. I. Clermont-Ferrand, 1887-1888.
— *Les Spongilles.* Revue scientifique du Bourbonnais et du centre de la France, t. II, 1889.
(2) J.-B. Eusebio. *Recherches sur la faune pélagique des lacs d'Auvergne.* Trav. Lab. zool., t. I. Clermont-Ferrand, 1887-1888.
J. Richard. *Recherches sur la faune des eaux du Plateau central.* Ibid.
— C.-R. Acad. des Sciences, 1887, 14 novembre et 12 décembre ; 1893, 17 juillet.
— Bulletin de la Société zool. de France, 1887, p. 156 ; 1888, 22 février.
— Revue scientifique du Bourbonnais, mars-avril 1888.
(3) A. Berthoule. *Les Lacs de l'Auvergne.* Paris, 1890. Avec des notes de MM. Richard et Henneguy sur la faune inférieure (Entomostracés, Protozoaires).
(4) F. Héribaud Joseph. *Les Diatomées d'Auvergne.* Paris, 1893.
(5) Lecoq. *L'eau sur le Plateau central.* Paris, 1871. — A. Berthoule. *Loc. cit.*

Nous nous contenterons d'en dresser la liste sous forme de tableau synoptique, contenant les indications indispensables d'altitude, de profondeur et de superficie d'après les données les plus exactes :

Liste des Lacs du Mont-Dore.

NOMS DES LACS	ALTITUDE	SUPERFICIE	PROFONDEUR
Anglard (ou Bourdouze)	1170m.	15 hectares.	10m au maximum.
Aydat.............	825m.	60 hectares.	14m5 (Delebecque) — 30m (Legrand d'Aussy).
Bordes (Les)........	1150m env.	....	....
Chambédaze........	1147m.	14 hectares.	5m au maximum.
Chambon..........	882m.	60 hecta·es.	5m50 id.
Chauvet...........	1166m.	53 hectares.	63m20 id. (Delebecque).
Crégut (La)........	....	40 hectares.	26m50 id. id.
Esclauzes (Les)......	1076m.	30 à 35 hect.	4m au maximum.
Estivadoux.........	1244m.	....	....
Faye (La)..........	1106m.	3 hect. 75.	3m au maximum.
Godivelle inférieur...	1206m.	15 hectares.	3m id.
Godivelle supérieur...	1225m.	14 hect. 80.	43m70 id. (Delebecque).
Guéry.............	1260m.	22 hectares.	23m id.
Lacoste............	....	....	....
Landie............	1206m.	30 hect. env.	17m au maximum. (Del.).
Laspialade.........	950m env.	5 hectares.	....
Montcineyre........	1174m.	38 hectares.	18m au maxim. (Delebecque).
Pavin.............	1197m.	44 hectares.	92m10 id. id.
Servière..........	1200m.	12 hectares.	26m50 id. id.
Soucy........	1242m.	0 hect 5 ares.	9m50 id.
Tazanat...........	625m.	34 hect. 60.	66m60 id. id.

Au point de vue de leur origine et de leurs caractères physiques, les lacs dont nous nous occupons se classent en plusieurs catégories qui se laissent assez bien définir.

1° **Lacs de barrage.** -- Ces lacs sont dus au barrage d'une vallée par une coulée lavique ou basaltique. Ils offrent un lit plus ou moins irrégulier et profond. Dans la région d'amont, où le ruisseau d'alimentation dépose chaque année une masse d'alluvions considérable, ils prennent l'allure d'un étang ; les alluvions comblent peu à peu le bassin, dont l'étendue se restreint graduellement : c'est ainsi que le lac Chambon, de mémoire d'homme, aurait perdu plusieurs hectares (1). Les contours de la nappe d'eau sont capricieux, surtout du côté de la digue qui est constituée par une cheire. Enfin l'émissaire, qui a dû se frayer un chemin à travers cet obstacle, est lui-même très tourmenté ; parfois, comme à Aydat, il finit par disparaître sous la lave pour alimenter des sources inférieures.

Aydat peut être considéré comme le type des lacs de cette nature ; ce lac doit sa formation à l'envahissement de la vallée de Veyreras, par les laves issues du puy de la Vache.

Tels sont encore :

Chambon : vallées de la Couze de Chaudefour et de la Couze du puy de Diane, coupées par les formations volcaniques du Tartaret ;

Guéry : barrage du ruisseau des Mortes par une coulée basaltique (β, de la légende de la carte géologique détaillée).

2° **Lacs-cratères.** — Ce sont, suivant l'opinion généralement admise, des cratères d'explosion envahis par l'eau ; mais, à vrai dire, cette hypothèse est encore discutée. En tout cas, l'expression qui les désigne caractérise parfaitement leur forme. Comme l'ont montré les sondages effectués par M. Delebecque, le lit des cratères-lacs affecte la forme d'une cuvette à fond plus ou moins étendu, à bords rapidement déclives. (Pl. II, III et IV). La profondeur est considérable relativement à la superficie. La

(1) A. Berthoule. *Loc. cit.*, p. 92.

nappe d'eau, alimentée par des sources visibles insignifiantes ou simplement par des sources intérieures, donne
des émissaires quelquefois considérables.

Tels sont :

Chauvet, au pied du puy basaltique Maubert;

Pavin, au pied du puy de Montchalm;

Montcineyre, au pied du puy de Montcineyre;

La Godivelle (lac supérieur);

Tazanat, au pied du puy de Chalard.

3° **Lacs de dépression.** — Nous sommes obligés de
désigner sous ce titre la plupart des autres lacs (Bourdouze, les Esclauzes, La Godivelle (lac inférieur), Servière, etc.). Ceux-là reposent dans des dépressions basal-
tiques; mais leur origine reste absolument à déterminer,
aucune étude précise n'ayant encore été faite à ce sujet.
Ce sont des lacs plus ou moins réguliers, de profondeur
relativement faible et assez uniforme. Drainant toutes les
eaux des cirques où ils reposent, ils donnent des émissaires assez importants en général. Grâce à la structure
de leurs bords peu inclinés, ils donnent un facile accès aux
plantes des tourbières; certains d'entre eux en sont même
complètement envahis. Ces formations tourbeuses constituent une rive secondaire mouvante où il est fort dangereux de s'aventurer : *Chambédaze, La Faye.*

4° Une mention particulière doit être réservée au *lac de
Soucy* (1). C'est une nappe d'eau, d'étendue fort restreinte
il est vrai, mais dans une situation bien spéciale. Le lac de
Soucy repose dans une vaste caverne creusée à la face inférieure de la coulée du puy de Montchalm, à 21ᵐ50 au-dessous de l'orifice d'entrée qui est placé lui-même à l'extrémité d'un entonnoir de 11ᵐ50 de profondeur. La caverne que

(1) P. Gautier. *Observations géologiques sur le Creux de Soucy.* C.-R. Acad.
des Sc., 22 nov. 1892.

Gautier et Bruyant. *Observations scientifiques sur le Creux de Soucy.* In Revue
d'Auvergne, 1893.

l'on nommait dans la région « Creux de Soucy » et sur laquelle couraient les légendes les plus étranges a été formée sous l'action de l'eau comme nous l'avons reconnu lors de notre exploration avec MM. Berthoule et Gautier (15 novembre 1892). La lave repose sur des argiles sableuses : l'eau a peu à peu lavé ces argiles; un vide s'est produit et la roche, se démantelant peu à peu, s'est excavée en coupole au-dessus du réservoir primitif. Certes, le creusement de cette immense cavité a exigé des siècles pour s'accomplir; néanmoins on peut prévoir un temps où la voûte s'écroulera tout à fait par suite de la fragmentation progressive de la lave. Le lac de Soucy sera alors un cratère-lac et pourtant il ne devra nullement son origine à une explosion volcanique. Ce lac, d'ailleurs, est absolument clos; ses eaux alimentées par infiltration et par l'apport de trois sources insignifiantes ne donnent aucun émissaire visible.

Structure de la rive. — Les travaux de MM. Forel et Delebecque et d'autre part ceux de M. Magnin permettent d'établir le profil caractéristique des différents lacs.

Celui du lac normal, c'est-à-dire du lac de profondeur au moins moyenne et dont les bords sont attaquables par l'érosion, est le plus compliqué :

« Sous l'action de l'eau et du mouvement des vagues, il se forme aux dépens du bord primitif :

» 1° Une grève plus ou moins inondée;

» 2° Une beine ou blanc-fond légèrement inclinée, de la profondeur moyenne de 3 à 5 mètres, se décomposant en deux parties, la beine d'érosion et la beine d'atterrissement;

» 3° Le mont plus ou moins incliné;

» 4° Le grand talus à pente moins inclinée;

» 5° Enfin le plafond ou la plaine du lac (1). »

(1) Magnin. *Recherches sur la végétation des lacs du Jura.* Revue générale de botanique, 15 juin 1893.

Cette structure de la rive est très nette dans tous les lacs où la roche encaissante se laisse facilement entamer (région du Jura); mais dans nos cuvettes lacustres, constituées par des matériaux très durs, volcaniques ou primitifs, elle n'est pas toujours saisissable. Elle ne se montre bien caractérisée que sur certains points de la ceinture où le sol est plus friable. Dans les lacs d'Auvergne, la rive prise dans son ensemble sera donc toujours mixte, accore sur un point, façonnée sur d'autres comme nous venons de l'indiquer. Le meilleur exemple à citer est peut-être celui du lac de la Landie, dont le bord oriental offre la coupe typique que nous avons représentée planche I, alors que dans la majeure partie de la rive méridionale, la rive est rocheuse et presque verticale. D'autre part, les formations littorales sont très réduites dans les cratères-lacs à cause de la déclivité des bords : il existe une beine de quelques mètres au Pavin, une autre un peu plus large au Chauvet; le mont est alors très incliné, de même que le grand talus.

Les lacs peu profonds, comme la plupart des lacs de dépression, présentent la structure la plus simple, car il ne s'y forme point de beine. Le fait s'explique aisément si l'on considère le peu d'inclinaison de la rive : La Godivelle (lac inférieur), Bourdouze, etc.

Enfin les lacs de Tourbière ont une conformation caractéristique : la ceinture des plantes qui les envahissent peu à peu et dont la plupart sont des sphaignes, constitue en quelque sorte une rive secondaire en surplomb sous laquelle la nappe d'eau se prolonge plus ou moins profondément : Chambédaze.

Ces différentes formes de la rive sont intéressantes à considérer; elles correspondent en effet à autant de modes de répartition des végétaux à leur surface, comme nous le verrons bientôt.

TEMPÉRATURE (1). — La température des eaux dépend surtout de la profondeur du lac. Il est facile de le concevoir, quand la couche liquide est faible, la température, que l'on peut considérer comme uniforme dans toutes les régions, varie facilement, suivant de plus ou moins loin les écarts de la température extérieure. Au contraire, lorsque le lac accuse une profondeur suffisante, il s'établit une stratification des couches de température différente, la dernière restant constamment au même degré. La chaleur reçue par la surface de l'eau est absorbée presque en totalité (94 0/0) par le premier millimètre d'eau (2) et si les zones inférieures présentent une élévation de température notable, le fait est dû au brassage par les courants et les vagues. L'action est assez superficielle et l'on conçoit que la chute de la température ait lieu surtout de 0 à 15 mètres. Au-dessous, les couches d'eau ne subissent point de variation brusque et se superposent par ordre de densité jusqu'à une profondeur de 100 à 150 mètres (zone abyssale) où règne une température uniforme de 4 ou 5 degrés (3).

Dans nos lacs dont le plus profond, le Pavin, n'atteint même pas 100 mètres, il sera difficile de constater nettement cette distribution des températures, d'autant plus que l'apport des sources intérieures détermine sans aucun doute des courants plus ou moins considérables, amenant un brassage plus complet des diverses couches liquides.

(1) Le thermomètre le plus commode pour les études qui nous occupent est celui de Negretti et Zambra. M. le docteur Magnin a bien voulu nous l'indiquer et nous donner en même temps tous les renseignements pratiques nécessaires pour nos recherches. Qu'il nous soit permis de lui adresser ici tous nos meilleurs remerciements.

(2) Magnin. Loc. cit.

(3) Magnin. Loc. cit. — Dans le lac de la Girotte (Savoie), M. Delebecque a constaté que la température décroît de la surface à 25ᵐ où elle atteint un minimum variable de 4 à 5°, suivant la saison, pour revenir à 7° entre 90 et 100ᵐ. M. Delebecque expliquait ce fait, en apparence anormal, par l'apport dans la profondeur de sources chaudes dont l'eau serait d'une densité considérable, grâce à la présence de matières dissoutes. C'est ce qu'a démontré plus tard l'analyse chimique. C.-R. Acad. des Sciences, 27 mars 1893.

Nous manquons en effet d'observations suivies sur l'échelle des températures dans nos lacs. Par contre, nous possédons les moyennes thermiques annuelles de beaucoup d'entre eux (température de la zone superficielle); l'une des plus faibles est celle du Chauvet, puis vient celle du Guéry (1). Pour le premier de ces lacs, le maximum ne dépasse guère 14°, 15° pour le second. D'autre part, les lacs peu profonds accusent, comme nous l'avons fait prévoir, des écarts énormes : c'est ainsi que le lac inférieur de la Godivelle présente une variation de 4° à 25°. Il est inutile d'ajouter que pendant la saison froide nos lacs se recouvrent d'une épaisse couche de glace, seul le « gour » de Tazanat ne gèle que rarement, dans les hivers les plus rigoureux.

La caverne de Soucy présente au point de vue qui nous occupe une étrange anomalie : la température y est en effet excessivement basse. Lors de la tentative d'exploration de M. Martel (19 juin 1892) par une température extérieure de 10°5, l'eau du lac accusait 1°2; l'atmosphère intérieure 1°, au voisinage de l'eau ; de 7^{m}50 à 17^{m}50 au-dessus, 2°25; à 19 mètres, 6°. Le 15 novembre de la même année, la température de l'eau s'était relevée à 2°1. Enfin au cours d'une nouvelle exploration, en septembre 1893, par une journée relativement chaude, M. Berthoule a vu les rives du lac couvertes de neige. Cette température rappelle celle des « trous à glace » qu'on observe en plusieurs points de nos cheires (Pontgibaud, Aydat, Volvic).

COLORATION ET TRANSPARENCE. — Nous ne possédons point de données exactes sur le degré de coloration et de transparence des eaux. Les expériences devront être faites avec le disque de Secchi, simple disque blanc que l'on laisse descendre jusqu'à la limite de visibilité, et avec la « Gamme de Forel ». Ce dernier appareil consiste en une série de tubes contenant chacun un mélange d'eau céleste et d'une

(1) Berthoule. *Loc. cit.*

solution de chromate de potasse en proportions déterminées; l'ensemble donne une série de teintes que l'on a
numérotées et constitue ainsi une échelle précise. — No-
tons, en passant, que les eaux sont généralement vertes;
celles du lac de Soucy ont une coloration très intense.
Seules les lacs de tourbière présentent une teinte brune
très prononcée.

COMPOSITION CHIMIQUE. — Il en est de la composition
chimique comme des caractères précédents : aucune recherche générale n'a été effectuée sur ce point. — La richesse en matières dissoutes, si ces matières sont calcaires,
peut être atténuée par le développement de la vie organique (DUPARC). Elle peut être exagérée, au contraire, par
suite d'une concentration due sans doute à une évaporation
plus abondante (MAGNIN). — D'autre part, M. Delebecque,
dans une communication récente à l'Académie des Sciences (1), a démontré que la composition varie d'une façon
notable suivant la profondeur, les zones inférieures étant
plus chargées de matières en dissolution. C'est ainsi que,
pour le lac d'Aiguebelette, la différence entre les couches
superficielles et les couches voisines du fond (143 mètres)
atteint une valeur supérieure à celle qu'on a notée pour les
eaux marines; les quantités de matières dissoutes sont
en effet dans le rapport de 2 à 3 (3,79 à 3,98 pour la mer).
La variation porte sur la chaux et la silice, la quantité de
magnésie restant sensiblement la même, il est donc naturel
d'attribuer la disproportion constatée à l'action de la vie
organique, beaucoup plus intense à la surface que dans les
profondeurs.

Ces observations ont été faites pendant la saison chaude ;
il est probable que pendant l'hiver la différence s'atténue
par suite du mélange des eaux superficielles plus froides
avec les eaux profondes, par suite aussi du ralentissement
de la vie organique (1).

(1) C.-R. Acad. des Sciences. 20 novembre 1893.

Tels sont, résumés rapidement, les principaux caractères physiques des lacs; nous ne parlerons pas des phénomènes accidentels dont ils sont parfois le théâtre. Tel, celui des *seiches*, étudié aujourd'hui avec précision sur le lac de Genève (1), grâce à l'installation d'appareils enregistreurs spéciaux (limnographes de Secheron). La plupart des grands lacs sont aussi sujets à des seiches plus ou moins accusées (lacs suisses, des Alpes autrichiennes, de l'Amérique septentrionale, etc.); mais ceux de notre région sont d'étendue trop restreinte pour nous permettre d'observer le phénomène. Bien d'autres accidents atmosphériques ont d'ailleurs pour effet de modifier l'aspect de ces nappes d'eau : c'est de leur action que dépend en grande partie ce que Lecoq a appelé avec infiniment de justesse la physionomie de nos lacs (2).

II.

FLORE MACROPHYTIQUE (3).

Il peut paraître assez peu scientifique de partager l'ensemble des végétaux lacustres en deux catégories d'après le simple caractère extérieur de leurs dimensions. Cette distinction est pourtant motivée au point de vue où nous nous plaçons. Le naturaliste arrivé sur nos lacs observera en premier lieu toute une flore spéciale établie sur la rive qu'elle envahit jusqu'à une profondeur déterminée; c'est là la végétation macrophytique qui comprend avec les Phanérogames, les Cryptogames vasculaires, les Mousses, les Hépatiques et même les Characées. Ces végétaux, pour la

(1) Forel. C.-R. Ass. fr. av. Sc., Congrès de Besançon, 1893.

(2) H. Lecoq. *L'Eau sur le Plateau central*. Paris, Baillère, 1871.

(3) La flore de la région des Monts Dore offre un intérêt spécial sur lequel il n'y a pas lieu d'insister ici. *Cf.* Dr Girod. *Florule du Mont-Dore*, et Dumas-Damon. *Plantes nouvelles pour la flore d'Auvergne*. In Mélanges biologiques, par le Dr Paul Girod, première série. Paris, Baillère, 1893. — Dr Girod. *Comparaison de la flore alpine d'Auvergne avec celle du Jura*. In C.-R. Ass. fr. av. Sc., 1893, Besançon. t. I, p. 239.

plupart, sont attachés au sol : leur répartition est réglée
par la forme de la rive, la nature du fond, les conditions
créées par le milieu aquatique, enfin par la structure de la
plante. Ainsi les Phanérogames, obligées en général de
venir épanouir leurs feuilles et leurs fleurs à l'air libre, ne
pourront dépasser une profondeur restreinte, délimitée
par la faculté d'élongation de leur tige. Les Cryptogames,
au contraire, vivant complètement immergées, occuperont
les régions inférieures jusqu'à un maximum dépendant
uniquement des conditions de milieu. Mais à côté de ces
végétaux faciles à observer, les pêches au filet fin révèle-
ront l'existence d'une infinité de formes microscopiques.
Les unes végètent parmi les plantes littorales, les autres
au contraire naviguent sans cesse loin des bords, soit à la
surface de l'eau, soit au sein des couches profondes. Ce
sont ces êtres dont les débris forment en grande partie,
par leur accumulation séculaire, les épaisses couches de
vase comme celles que nous avons relevées en plusieurs
points du lac Pavin; ce sont elles encore qui, grâce à la
nature de ces dépôts siliceux, inaltérables, nous permet-
tront de retrouver l'emplacement d'anciens lacs disparus.

* *

Les nombreuses courses que nous avons faites dans la
région des lacs, nous ont permis d'établir dans ses grands
traits la composition de leur flore. D'autre part, les pré-
cieux renseignements qu'a bien voulu nous fournir un
botaniste bien connu, F. Héribaud, sont venus compléter
ces premières données. Néanmoins, bien des points restent encore à élucider dans cette question si intéressante
de la biologie végétale de nos lacs. Il y a là un vaste champ
d'observations où nous n'avons fait que suivre la route
tracée par nos maîtres.

Il est, à vrai dire, fort difficile de préciser ce qu'on en-
tend par flore lacustre. Comme le fait remarquer M. le
docteur Magnin, il n'existe pas en effet de plantes lacus-

tres à proprement parler, c'est-à-dire ne vivant que dans les lacs; toutes se retrouvent dans les cours d'eau, les marais, les tourbières. Cependant, en nous bornant à l'Auvergne, nous relevons un certain nombre de végétaux dont nous pouvons, sans être trop inexacts, considérer l'habitat comme lacustre :

Nuphar pumilum Smith.	*Carex pauciflora* Lightf.
Nymphea minor Koch.	*Carex limosa* L.
Helosciadium inundatum Koch.	*Isoetes lacustris* L.
Littorella lacustris L.	*Isoetes echinospora* Dur.
Potamogeton rufescens Schrad.	*Hottonia palustris* L.
Potamogeton gramineus L.	*Sagittaria sagittifolia* L.
Eriophorum gracile Roth.	*Marsilia quadrifolia* L.
Scirpus fluitans L.	*Pilularia globulifera* L.
Carex chordorhiza Ehr.	*Hydrocharis morsus-ranœ* L.

Si l'on tenait compte seulement des espèces précédentes, la flore des lacs serait extrêmement pauvre, d'autant plus que beaucoup de ces végétaux sont très disséminés. Mais il existe toute une série de formes qui, sans être spéciales, prennent dans les eaux de nos lacs un développement marqué, ou qui, par leur mode de répartition, méritent d'être signalées :

Ranunculus aquatilis L.	*Potamogeton natans* L.
Ranunculus trichophyllus Ch.	*Scirpus lacustris* L.
Nuphar luteum Smith.	*Scirpus acicularis* L.
Nymphea alba L.	*Carex ampullacea* Good.
Trapa natans L.	*Carex vesicaria* L.
Hydrocotyle vulgaris L.	*Carex riparia* Curt.
Utricularia vulgaris L.	*Arundo phragmites* L.
Utricularia minor L.	*Equisetum limosum* L.
Callitriche hamulata Klz.	*Fontinalis antipyretica* L.
Ceratophyllum demersum L.	*Fontinalis squamosa* L.
Elatine hexandra D. C.	*Chara fragilis* Desv.
Cicuta virosa L.	*Chara Braunii* Gmel.
Ligularia sibirica Coss.	*Nitella tenuissima* Klz.
Scheuchzeria palustris L.	*Nitella syncarpa* Goss. et G.
Potamogeton crispus L.	*Nitella arvernica* Hy.

Enfin, outre les espèces précédentes qu'il nous est loisible de considérer comme caractéristiques de la flore aquatique ou riveraine, il y a lieu de citer nombre d'autres plantes qui, pour se rencontrer bien souvent ailleurs, n'en font pas moins partie, et dans une large mesure, du tapis végétal lacustre (1) :

Plantes des marécages.

Comarum palustre L.	*Typha latifolia* L.
Sium latifolium L.	*Sparganium ramosum* Kuds.
Oxycoccos palustris Pers.	*Scirpus ovatus* Roth.
Andromeda polifolia L.	*Scirpus fluitans* I.
Menyanthes trifoliata L.	*Carex stricta* Good.
Veronica scutellata L.	*Carex filiformis* L.
Mentha palustris Mœnch.	*Carex paludosa* Good.
Scutellaria gallericulata L.	*Phalaris arundinacea* L.
Hottonia palustris L.	*Glyceria fluitans* R. Br.
Polygonum amphibium L.	*Equisetum palustre* L.
Alisma natans L.	*Lycopodium inundatum* L.

Plantes aquatiques.

Myriophyllum verticillatum L.	*Potamogeton obtusifolius* M. et K
Myriophyllum alterniflorum L.	*Potamogeton densus* L.
Ceratophyllum submersum L.	*Lemna arrhiza* L.
Potamogeton pusillus L.	

Mousses.

Hypnum stramineum Decks.	*Hypnum nitens* Schreb.
Hypnum cuspidatum L.	*Climatium dendroïdes* W. et M.
Hypnum venciffii Sch.	*Polytrichum commune* L.
Hypnum fluitans L.	*Polytrichum gracile* Dicks.
Hypnum scorpioïdes L.	*Aulacomnium palustre* Schw.
Hypnum vernicosum Lindl.	*Bryum turbinatum* Schw.
Hypnum aduncum Hedw.	*Bryum pseudotriquetrum* Sch.

Sphaignes.

Sphagnum cymbyfolium Ehr.	*Sphagnum squarrosum* Pers.
Sphagnum fimbriatum Wils.	*Sphagnum rigidum* Sch.
Sphagnum subsecundum V. H.	*Sphagnum Girgensohnii* Rans.
Sphagnum teres Augstr.	*Sphagnum acutifolium* Ehr.
Sphagnum tenellum Ehr.	*Sphagnum recurvum* P. B.

Characées.

Chara fœtida A. Br.	*Nitella flexilis* Ag.

(1) Pour la florule des Tourbières, consulter : Biélawski, *Les Tourbières et la Tourbe*, Clermont, 1892.

Si nous comparons la flore précédente à la flore des autres régions lacustres, nous sommes frappés de la présence en Auvergne de plusieurs plantes caractéristiques qui occupent pour une large part la zone habitable de la rive. Nous voulons parler des *Isoetes lacustris* et *echinospora*, et, d'autre part, de la *Littorella lacustris*. Ces plantes forment souvent sous l'eau un gazon très épais ; la Littorelle remonte la rive jusqu'à la zone découverte et fleurit souvent à l'air libre, comme nous l'avons observé, en juillet dernier, au lac de la Landie. Les deux espèces d'Isoetes, fréquemment associées dans un même lac, vivent toujours submergées. L'*Echinospora* paraît préférer les zones voisines de la surface ; la *Lacustris* ne se trouve guère à moins de 1 mètre ou 1ᵐ50 de profondeur. Mais nous ne possédons aucune donnée sur la limite inférieure de l'aire de ces espèces.

Les Isoetes et la Littorelle, connues dans les Vosges, font absolument défaut dans les lacs du Jura : le fait est probablement dû à la richesse en calcaire du sol sur lequel ces lacs reposent. On y voit cependant prospérer d'autres espèces données comme silicicoles par les phytostaticiens, telles : *Myriophyllum spicatum*, *Trapa natans*, *Potamogeton obtusifolius*, etc. (MAGNIN). Dans les lacs pyrénéens, les *Isoetes* sont très rares et la *Littorella* n'y est point signalée par M. Belloc (1).

Considérées au point de vue de leur répartition dans nos différents lacs, les espèces végétales montrent certaines particularités caractéristiques.

La florule d'un lac quelconque, en tant qu'espèces, est toujours très réduite. Le lac le plus riche, celui de Chambédaze, n'offre même pas la moitié des formes signalées.

La liste suivante, ne comprenant pour plus de simplicité

---

(1) E. Belloc. *La végétation lacustre dans les Pyrénées*, Ass. fr. av. Sc. Congrès de Pau, 1892, t. II, p. 412.

que les termes extrêmes de la série, donnera les richesses relatives de nos différents bassins :

Chambédaze...........	47 0/0	Montcineyre...........	24 0/0
Esclauzes.............	41 0/0	La Landie.............	20 0/0
Guéry.................	37 0/0	Tazanat...............	13 0/0
Bourdouze............	32 0/0	Pavin.................	8 0/0

Ces chiffres ne font qu'établir un fait facile à prévoir : les lacs de dépression ou de barrage, avec leurs rives généralement peu inclinées, leur beine accentuée, leur lit peu profond, offrent un facile accès aux végétaux ; les cratères-lacs, au contraire, avec leurs bords très déclives et leur beine restreinte ou nulle, offrent peu de points favorables au développement de la végétation.

Nous sommes ainsi conduits à déterminer les espèces les plus répandues dans nos lacs, celles qui, suivant l'expression de M. le docteur Magnin, constituent le fonds de la flore lacustre. Là encore les limites sont difficiles à préciser, car le nombre des lacs que nous étudions ici est assez peu considérable. Nous pouvons néanmoins dresser le catalogue suivant pour les formes caractéristiques :

Scirpus lacustris.........	14 lacs.	*Scirpus acicularis*........	9 lacs.
Littorella lacustris	14 —	*Carex ampullacea*........	9 —
Ranunculus trichophyllus.	11 —	*Myriophyllum spicatum*...	8 —
Arundo phragmites.......	11 —	*Potamogeton crispus*......	8 —
Equisetum limosum.......	11 —	*Potamogeton natans*......	8 —
Ranunculus aquatilis....	10 —	*Carex vesicaria*..........	8 —
Potamogeton lucens.	9 —	*Ceratophyllum demersum*..	8 —

En second lieu, les espèces qui suivent peuvent être observées dans une moyenne de 4 à 7 lacs :

Nuphar luteum.	*Potamogeton graminetus.*
Nuphar pumilum.	*Isoetes lacustris.*
Nymphea alba.	*Isoetes echinospora.*
Carex limosa.	*Fontinalis antipyretica.*
Carex riparia.	

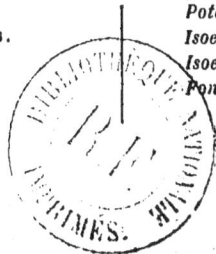

2

Les autres formes sont extrêmement disséminées ; qu'il nous suffise de citer entre autres :

Nymphea minor : Esclauzes.	*Myriophyllum alterniflorum* : Guéry.
Scirpus fluitans : Esclauzes.	*Callitriche hamulata* : Guéry.
Hydrocotyle vulgaris : Chambédaze.	*Fontinalis squamosa* : Pavin.
Utricularia vulgaris : Chambédaze.	*Fontinalis arvernica* : Pavin.
Utricularia minor : Chamb. et Bourdouze.	*Sium latifolium* : Chambon (1).

Enfin les espèces que nous avons inscrites à la suite des plantes caractéristiques donnent lieu aux mêmes remarques. Nous ne signalerons que les plus répandues :

Hypnum cuspidatum	15 lacs.	*Glyceria fluitans*	9 lacs.
Sphagnum subsecundum	14 —	*Veronica scutellata*	8 —
Sphagnum acutifolium	14 —	*Sparganium ramosum*	8 —
Polygonum amphibium	11 —	*Phalaris arundinacea*	8 —
Menyanthes trifoliata	10 —	*Hypnum fluitans*	8 —
Comarum palustre	10 —	*Aulacomnium palustre*	8 —
Equisetum palustre	10 —	*Chara fragilis*	7 —

Les florules précédentes ne peuvent être considérées comme complètes ; elles acquerront seulement toute leur valeur lorsqu'on aura dressé avec soin la topographie botanique de chaque lac. Aussi serait-il prématuré de poser dès maintenant des conclusions touchant ces causes de répartition des espèces. On est frappé néanmoins de la dissémination de certaines formes ; la même particularité se présentera à propos de la faune. Il y a là une question des plus intéressantes, d'un ordre général et qui ne pourrait être abordée qu'après des études approfondies.

Il est certain, en tous cas, que l'altitude exerce une influence sensible sur la distribution de certaines plantes, bien qu'il soit difficile de la mettre en évidence. Les étangs de la plaine, d'une altitude inférieure à 400 mètres, offrent une flore bien distincte de celle des lacs élevés, mais leurs caractères physiques sont aussi différents et il serait néces-

(1) Dumas-Damon, in Mélanges botaniques, par le Dr P. Girod. Paris, 1893, p. 19.

saire de préciser la part qui revient à chacun d'entre eux dans la répartition de leurs végétaux. Cette flore est constituée par une série déjà connue :

Ranunculus aquatilis.	*Scirpus lacustris.*
Ranunculus trichophyllus.	*Carex ampullacea.*
Nymphea alba.	*Carex riparia.*
Myriophyllum spicatum.	*Chara fragilis.*
Littorella lacustris.	*Chara fœtida.*

Et d'autre part par les espèces suivantes qui manquent absolument dans la montagne :

Trapa natans.	*Marsilia quadrifolia.*
Potamogeton pusillus.	*Pilularia globulifera.*
Hottonia palustris.	*Lemna arrhiza.*
Sagittaria sagittifolia.	

Il est probable que l'habitat de ces espèces ne dépend pas uniquement de l'altitude, mais le fait est certain pour les *Sphaignes* qui ne se rencontrent point dans les régions inférieures. Les *Potamogeton* sont plus nombreux en espèces dans les lacs élevés (Guéry, La Landie). La remarque a été faite par M. le docteur Magnin pour le Jura ; elle est tout aussi exacte pour l'Auvergne. L'élévation de température correspondant à la diminution d'altitude est bien ici le principal facteur : le lac de Tazanat (625 mètres), qui possède la moyenne thermique la plus considérable, ne possède aucune espèce de *Potamot*. D'autre part, les *Potamogeton* ne dépassent guère non plus une certaine limite supérieure, car M. Belloc ne les indique que dans les régions basses des Pyrénées où ils sont d'ailleurs abondants.

DISTRIBUTION DES VÉGÉTAUX DANS UN LAC. — M. le docteur Magnin, à la suite de ses longues et consciencieuses études sur la végétation du Jura, a pu définir d'une façon précise le mode typique de la répartition des espèces dans un lac : « Ce qui frappe tout d'abord, lorsqu'on a exploré un certain nombre de lacs, c'est la régularité avec laquelle les plantes sont réparties à leur surface ou dans leur profondeur ; on les observe presque toujours, en allant des bords au milieu du lac, groupées en zones distinctes de la façon suivante :

» Une zone littorale de plantes dressées hors de l'eau, *Phragmites*, puis *Scirpus lacustris ;*

» Une zone intérieure de plantes à feuilles nageantes dont la plus commune est le *Nuphar luteum ;*

» Plus en dedans encore, une zone concentrique de plantes à tige feuillée arrivant à la surface ou à son voisinage et constituée surtout par des *Potamots ;*

» Enfin une surface nue mais où le grappin ramène de la profondeur des plantes de fond : *Ceratophyllum, Chara, Nitella,* etc. (1). »

Cette stratification des zones végétales exige pour se développer d'une façon bien nette une rive constituée normalement, pourvue d'une beine accentuée comme celle que nous avons déjà décrite (lac de la Landie). Les plantes trouvent là un vaste champ où elles peuvent se répartir suivant les conditions qu'exigent la structure et les fonctions de leur organisme.

La ceinture végétale aquatique est elle-même entourée d'une zone de plantes de tourbières et de marécages dont nous avons donné la liste générale et parmi lesquelles il faut citer en premier lieu : *Menyanthes trifoliata, Veronica scutellata, Sparganium ramosum, Equisetum limosum* et *palustre, Hypnum cuspidatum,* etc., et surtout les différentes espèces du genre *Carex,* telles que : *C. ampullacea, vesicaria, riparia,* etc. L'abondance des *Carex* a fait donner à cette zone le nom de CARIÇAIE *(Caricetum).* (MAGNIN.)

La première zone véritablement lacustre est occupée surtout par les *Phragmites vulgaris* et les *Scirpus lacus-*

---

(1) Magnin. *Recherches sur la végétation des lacs du Jura.* Revue générale de Botanique, t. V, 303.

tris; elle s'étend sur la grève et la beine jusqu'à une profondeur maximale de 3 mètres environ. Parmi ces Roseaux et ces Joncs peuvent croître diverses autres plantes
aquatiques appartenant aux deux zones contiguës. D'autre
part, cette zone se dédouble souvent en deux régions plus
ou moins nettement séparées, caractérisée par la prédominance, l'une des *Phragmites*, l'autre des *Scirpus*. La première prendra le nom de *Phragmitaie*, la seconde, posté-
rieure, celui de *Scirpaie*. Ces deux sous-zones sont très
nettes au lac de la Landie.

La troisième zone ou NUPHARAIE comprend la majeure
partie de la beine habitée principalement par le *Nuphar
luteum.*

La POTAMOGETONAIE descend la pente du mont jusqu'à
une profondeur maximale de 8 mètres. Elle est caractérisée par les *Potamogeton lucens* et *crispus* auxquels
s'ajoutent parfois les *Myriophyllum spicatum*, *Ceratophyllum submersum* et *demersum.*

Enfin la CHARAÇAIE constitue la zone inférieure. Elle
comprend uniquement des Cryptogames : *Chara fragilis*
et *fœtida*, *Chara Braunii*, *Nitella flexilis*, *Nitella tenuis-
sima*, *Fontinalis antipyretica*. La Charaçaie, dans le Jura,
ne dépasse guère une profondeur de 12 à 13 mètres, mais
dans nos lacs où l'eau est très limpide, nous avons pu
constater l'existence des *Chara (Ch. fœtida)* jusqu'à
15 mètres de profondeur (Chauvet).

A côté de cette flore littorale, existe en quelque sorte
une flore pélagique macrophytique.

L'*Utricularia vulgaris*, qu'on ne rencontre d'ailleurs
qu'à Chambédaze, est une plante normalement flottante.
D'autre part, chez les *Potamogeton lucens* et *crispus*, les
Myriophyllum spicatum, les *Ranunculus aquatilis* et
fluitans, « des fragments de tiges peuvent se détacher,
devenir libres et continuer à végéter et à fleurir pendant
un temps plus ou moins long. (MAGNIN.) » Cet ensemble

forme aussi une zone de végétation superficielle complètement indépendante de la rive.

Les facteurs qui déterminent la répartition des végétaux aux différentes profondeurs ont été mis en relief par M. le docteur Magnin. Les uns sont relatifs à la structure de la plante elle-même, les autres aux conditions du milieu et ce sont ces derniers (absorption par l'eau des radiations lumineuses, chimiques et surtout calorifiques) qui fixent la limite inférieure de la zone habitable ; celle-ci doit donc varier en étendue avec la faculté d'absorption de l'eau, mais dans de très faibles limites.

D'autre part, il est clair que l'extension des différentes zones de végétation correspond à la structure de la rive. Dans les lacs peu profonds, comme celui de la Godivelle (lac inférieur), il ne peut être question d'une stratification des zones, il existe simplement une flore littorale (Cariçaie) et une flore lacustre proprement dite, sans distinction d'étage.

Parmi les espèces qui constituent la première, aux abords de ce lac, nous pouvons citer :

Cicuta virosa.	*Equisetum limosum.*
Menyanthes trifoliata.	*Phalaris arundinacea.*
Veronica scutellata.	*Hypnum stramineum.*
Sparganium ramosum.	*Hypnum cuspidatum.*
Carex limosa.	*Sphagnum cymbifolium.*
Carex vesicaria.	*Sphagnum subsecundum.*
Carex paludosa.	*Sphagnum acutifolium.*
Equisetum palustre.	*Sphagnum recurvum.*

La flore aquatique y est assez variée :

Ranunculus aquatilis.	*Potamogeton lucens.*
Ranunculus trichophyllus.	*Potamogeton crispus.*
Nuphar luteum.	*Potamogeton natans.*
Nymphea alba.	*Scirpus lacustris.*
Littorella lacustris.	*Scirpus acicularis.*
Ceratophyllum submersum.	*Glyceria fluitans.*

Les lacs de tourbières offrent aussi naturellement une répartition spéciale des végétaux, puisque leur rive est modifiée par le développement des Sphaignes. Les différentes zones y sont plus ou moins confondues; les premières y sont très étroites, alors que les zones profondes y gagnent en étendue.

Enfin, dans les autres lacs, la ceinture végétale peut être modifiée par les accidents de la rive qui l'interrompent sur une étendue plus ou moins grande ou bien par la prédominance de telle espèce caractéristique, l'absence de telle autre. Il faudrait détailler ici la florule de chacun de ces lacs; ce serait donner trop d'extension à un travail qui n'est que provisoire et demande encore de longues observations. Nous ne pouvons cependant passer outre sans signaler la pauvreté des lacs-cratères où la végétation, par suite de la déclivité de la rive, a de la peine à s'établir. Citons surtout le Pavin dont la flore se réduit à quelques espèces représentées par de rares individus : *Equisetum limosum, Equisetum palustre, Phalaris arundinacea,* et, d'autre part, *Ranunculus aquatilis, Myriophyllum spicatum, Ceratophyllum demersum, Fontinalis antipyretica, Fontinalis squamosa* et *Fontinalis arvernica.*

Telle est, rapidement esquissée, la composition de la flore lacustre dans notre région. Ainsi que nous le faisions remarquer ailleurs, « cette flore, quelques modifications qu'elle présente dans des cas spéciaux, n'en offre pas moins toujours la même allure, les mêmes grandes lignes, et l'étude à peine commencée des lacs d'Auvergne permet déjà d'étendre à une nouvelle région les conclusions que M. le docteur Magnin a dégagées de ses fructueuses recherches sur les lacs du Jura. »

III.

FLORE MICROSCOPIQUE. — DIATOMÉES.

L'infinie variété des formes que révèle l'analyse microscopique des eaux ouvre au naturaliste un vaste champ de
recherches bien peu exploré d'ailleurs. Tandis que les végétaux supérieurs, d'une détermination relativement aisée,
sont partout catalogués et décrits, les Algues, dont l'étude
longue et pénible nécessite l'emploi du microscope, sont
généralement délaissées. Nous possédons peu de documents sur les espèces qui peuplent nos lacs français (1).
Une seule famille, dont les formes présentent des caractères exceptionnels de forme et de durée, a été étudiée en
détail sur les différents points de notre territoire. En Auvergne, elle a été l'objet d'un travail où se montrent tout
le soin et toute la science qu'on était en droit d'attendre
du botaniste qui l'a entrepris.

D'une façon générale, les espèces de Diatomées possèdent une aire de répartition extrêmement large.

« A l'état vivant, elles se rencontrent presque partout
où se trouve de l'eau, qu'elle soit limpide ou trouble, stag-
nante ou courante, chaude ou glacée; partout, l'œil armé
d'un microscope en découvre des quantités innombrables
dans les plantes aquatiques, les mousses et les rochers
humides, les alluvions des fleuves, des rivières et des plus
petits cours d'eau (2). »

D'autre part, enfermées sous leur carapace résistante de
silice, elles peuvent supporter une longue période de dessiccation (3), à l'état de vie ralentie, pour reprendre au re-

(1) E. Belloc. *Végétation lacustre dans les Pyrénées* (Desmidiées), Ass. fr. av.
Sc. Paris, 1892.
(2) F. Héribaud. *Les Diatomées d'Auvergne.* Paris-Clermont, 1893, p. 16.
(3) P. Petit. Journal de Micrographie, 1877, p. 242.

tour des conditions d'existence favorable toute leur activité physiologique qui se révèle par une multiplication
extrêmement rapide. Le vent balaie facilement ces algues
desséchées, grâce à leur excessive ténuité, et les transporte
au loin pour les répandre sur d'immenses étendues de
pays. Les oiseaux aquatiques, dans leurs longues migrations, ne sont pas moins les agents actifs d'une dissémination vraiment étonnante (1).

Les espèces trouvées dans nos lacs sont en effet très
nombreuses et il suffira de consulter les travaux de
MM. Brun (2), Petit (3), Belloc (4), F. Héribaud, etc.,
pour voir combien cette flore lacustre est uniforme.

Les espèces suivantes :

Asterionella formosa.	*Cyclotella operculata.*
Nitzchiella pecten.	*Synedra longissima.*
Cyclotella comta.	*Tabellaria fenestrata.*
— — v. *comensis.*	*Melosira crenulata.*
— — v. *paucipunctata.*	— — v. *tenuis,*

trouvées aussi bien au lac Erié, en Amérique, qu'au lac de
Genève (5), donnent peut-être l'exemple le plus frappant
de cette dissémination. Après la monographie de F. Héribaud, nous ne pouvons songer à donner l'énumération de
toutes les Diatomées rencontrées dans nos lacs (6). Nous
signalerons seulement celles qui leur sont particulières.
F. Héribaud a bien voulu en dresser la liste spécialement
pour ce travail; nous lui adressons ici tous nos remer-
ciments.

(1) Expérience de M. Eusebio : *Recherches sur la Faune pélagique des lacs
d'Auvergne*, p. 23.

(2) Brun. *Diatomées des Alpes et du Jura.* Genève-Paris, 1880.

(3) P. Petit. *Diatomacées observées dans les lacs des Vosges*, F. des jeunes Naturalistes, n° 212, 1er juin 1888, p. 105.

(4) E. Belloc. *Loc. cit.,* p. 14 du tir. à part.

(5) J. Brun. Bulletin des travaux de la Société botanique de Genève, octobre 1884,
p. 30.

(6) Le nombre des formes enregistrées dans le travail de F. Héribaud s'élève à près
de 700, dont plus d'une centaine sont nouvelles. La plupart de ces dernières (espèces,
variétés, formes) sont décrites et figurées dans de belles planches phototypiques.

FLORULE DIATOMIQUE DES LACS D'AUVERGNE

EN 1893.

Achnanthes *Peragalli* F. Hérib. et J. Brun. — Etang de Chancelade.

Gomphonema *augur* Ehrb. — Lac Guéry; Gour de Tazanat.

— *mustela* Ehrb. — Lac Pavin.

— *affine* Ktz. — Lac Guéry.

Encyonema *gracile* Rab. var. *lunata* W. Sm. — Lac d'Aydat; lac inférieur de la Godivelle.

Navicula *dactylus* Ehrb. — Lac Guéry; lac de la Landie.

— *longa* Greg. — Lac de la Crégut (Cantal); lac de Laspialade; lac des Esclauzes.

— *Cesatii* Rab. — Lac de la Crégut; lac de Menet (Cantal).

— *scutelloides* Grun. forma *minor* A. Sch. — Etang de Chancelade.

— *iridis* Ehrb. — Etang de Chancelade; lac Servière; lac de la Faye; lac Chauvet. — Lac de la Crégut.

— *rotœana* var. *minor* Grun. — Lac de la Crégut.

Eunotia *incisa* Greg. — Lac Chauvet; lac des Esclauzes.

Synedra *ulna* Ehrb. var. *spathulifera* Grun. — Lac de la Crégut.

— — var. *bicurvata* Grun. — Lac des Esclauzes.

— *Vaucheriœ* Ktz. var. *parvula* Ktz. — Sondage du lac Pavin (Ch. Bruyant).

— — var. *truncata* Ktz. — Sondage du lac Pavin (Ch. Bruyant).

— *barbata* Ktz. — Sondage du lac Pavin (Ch. Bruyant).

Asterionella *formosa* Hass. — Lac Servière; lac des Esclauzes; lac Guéry. — Sondage du lac Pavin; Creux de Soucy (Ch. Bruyant.)

Fragilaria *capucina* Desm. var. *acuminata* Grun. — Lac de Madic (Cantal).

— *œqualis* Lag. — Sondage du lac Pavin (Ch. Bruyant.)

— *producta* Grun. — Sondage du lac Pavin (Ch. Bruyant); lac des Esclauzes.

— *nitzschioides* Grun. — Lac Guéry; lac des Esclauzes; sondage du lac Pavin. — Lac de la Crégut; lac de Menet.

— — var. *brasiliensis* Grun. — Sondage du lac Pavin (Ch. Bruyant).

— *striatula* Lyngb. — Lac d'Aydat; étang Gaubert, près de Lezoux.

Nitzschia *amphibia* Grun. var. *Frauenfeldii* Grun. — Gour de Tazanat; lac Chambon.

Surirella *biseriata* Bréb. var. *elliptica* P. Petit. — Lac Servière, sur *Isoetes lacustris.*

— *robusta* Ehrb. — Lac Servière; lac Guéry.

Melosira *lirata* Ehrb. — Lac Guéry; lac Servière.

— — var. *lacustris* Grun. — Avec le type, mais plus rare.

— *crenulata* Ktz. var. *valida* Grun. — Lac Guéry; lac Pavin. — Lac de la Crégut; lac de Menet.

Cyclotella *bodanica* Eul. — Lac d'Aydat; lac Chauvet.
    —   *comensis* Grun. — Lac Servière ; lac Guéry (1).

Si nous considérons d'autre part l'ensemble de la florule diatomique d'un lac, nous aurons encore une division à établir, d'après le genre de vie des espèces : les unes végètent sur la rive même, parmi les végétaux supérieurs qui la couvrent; les autres, que les pêches au filet fin surprennent en plein lac, loin des bords, constituent la flore pélagique. A vrai dire, nous manquons encore de données précises pour délimiter ces deux florules d'une façon complète; mais en nous reportant au travail de M. le professeur Brun, de Genève (2), nous pourrons toujours citer quelques formes caractéristiques.

Il y a lieu d'abord de s'étonner de la présence de Diatomées dans les eaux pélagiques et d'en rechercher les causes : « Il est vraiment difficile d'expliquer comment ces algues microscopiques, avec leur forte et lourde enveloppe de silice vitreuse, arrivent à la surface du lac et s'y maintiennent pour y vivre. Y a-t-il *une montée* de ces êtres chaque jour du fond à la surface? ou se tiennent-elles flottantes *entre deux eaux?* Des recherches ultérieures pourront peut-être le dire, mais difficilement. Du reste, qu'elles viennent des profondeurs du lac ou de ses bords, la distance à parcourir est immense pour leur petitesse.

» Le mouvement le plus rapide que j'ai pu observer parmi ces types pélagiques a été chez la *Nitzschia palea.* Il était de 15 à 18 μ par seconde. Le lac où je l'ai prise a en moyenne 12 mètres de profondeur à cet endroit. Il faudrait donc 8 à 9 jours d'une marche constante pour qu'elle arrive du fond à la surface, à supposer que son mouvement ait lieu constamment *dans le même sens*, ce qui n'est pas le cas pour cette espèce. Or, le soir, elle disparaît pour

(1) Il va sans dire que les recherches ultérieures, et surtout les sondages des lacs, modifieront cette florule. — F. Héribaud. *In Litt.*

(2) J. Brun. *Végétations pélagiques et microscopiques du lac de Genève.* Loc. cit,

reparaître quelquefois le lendemain dans la matinée ou vers le milieu du jour. Il y a donc une force motrice autre que leur mouvement propre qui les amène à la surface. Je n'ai pas pu constater dans l'eau des courants internes. En tout cas, ces courants n'étaient pas appréciables à l'œil et l'eau apparaissait comme remarquablement tranquille (1). »

Ces variations si fréquentes dans la composition de la flore pélagique sont également accentuées dans celle de la faune, comme nous le verrons plus loin. Le fait est aussi général pour les organismes marins que pour les êtres lacustres (2).

Les Diatomées pélagiques, signalées par M. Brun, à Genève, et retrouvées dans nos lacs, sont les suivantes :

Asterionella formosa. — Cette espèce inconnue dans les Pyrénées, et que nous avons trouvée en abondance dans le lac souterrain de Soucy, est remarquable entre toutes par sa forme singulière que caractérise parfaitement son nom. M. Brun l'a vue « douée d'un mouvement rotatoire fort singulier, rotation combinée avec un rapprochement et un écartement de deux ou trois des rayons valves, et ressemblant au mouvement des bras d'un nageur (3) » :

| *Cyclotella comensis.* | *Cyclotella operculata.* |

Et à un moindre degré :

Melosira orichalcea.	*Synedra longissima.*
Melosira crenulata v. *tenuis.*	*Synedra gracilis.*
Stephanodiscus astræa.	*Cymbella lœvis.*
Nitzschia palea.	*Cymbella amphicephala.*
Nitzschia fonticola.	*Mastogloia Smithii.*
Nitzschia linearis.	*Navicula dicephala.*
Tabellaria flocculosa.	*Navicula gracilis.*
Diatoma vulgare.	*Navicula viridula.*
Diatoma Ehrenbergii.	

(1) J. Brun. *Loc. cit.*, p. 27.
(2) Pouchet. *Histoire des Cilio-flagelles*, Journal de Physiologie. Paris, 1883.
(3) J. Brun. *Loc. cit.*, p. 29.

La faculté d'adaptation des espèces à un milieu déterminé intervient encore ici pour modifier le genre de vie, et ces Diatomées que nous venons de citer ne sont point partout forcément pélagiques. C'est ainsi que la *Synedra gracilis* est signalée par F. Héribaud comme assez répandue sur les algues filamenteuses de nos eaux et que la *Cyclotella bodanica,* également pélagique à Genève, pullule sur la vase du lac d'Oo. (BELLOC.)

La diversité d'habitats qu'offre notre région lacustre au développement des Diatomées, diversité qui coïncide avec celle des conditions d'existence bien déterminées, permettra d'aborder plus facilement qu'ailleurs peut-être l'histoire biologique de ces êtres. On savait déjà que l'altitude exerce une influence sensible sur le facies des espèces (1). F. Héribaud a vérifié le fait d'une façon précise pour quelques Naviculées; les formes de montagne ont les stries des valves moins fortes mais plus nombreuses. D'autre part, l'absorption des radiations par l'eau ne reste pas non plus sans effet sur les individus qui vivent dans la zone profonde; la striation de leurs valves se montre moins serrée et la forme générale de leurs frustules est plus allongée, plus étroite (2).

IV.

POISSONS.

L'étude de la faune supérieure des lacs offre un intérêt spécial tant au point de vue scientifique qu'au point de vue pratique. Bien des problèmes relatifs à l'histoire biologique des Poissons sont encore à résoudre; d'autre part,

---

(1) Schulmann. *Diatomées du Haut-Tatra,* 1867, p. 58. J. Brun. *Diatomées des Alpes et du Jura,* 1880, p. 18.

(2) F. Héribaud. *De l'influence de la lumière et de l'altitude sur la striation des valves des Diatomées,* C.-R. Acad. des Sciences, 8 janvier 1894.

on sait combien est élevé le rendement de nos vastes bassins lacustres, à la suite d'une culture rationnelle. Qu'on se rappelle le mot de J. Franklin : « Tout homme qui pêche tire de l'eau une pièce de monnaie et si le filet ramené sur le rivage est gorgé de butin, il procure au pêcheur un véritable trésor. »

Ces trésors sont faciles à trouver en Auvergne. Bien plus favorisés que les habitants des Pyrénées (1), nous possédons dans nos lacs un nombre assez considérable d'espèces. Toutes n'ont point la même valeur au point de vue commercial, mais elles fournissent pour la plupart une nourriture également saine et abondante. « Souvent on s'est préoccupé des qualités alimentaires de la chair des Poissons. Parfois des craintes se sont manifestées sur l'inconvénient possible de l'usage trop exclusif ou trop prédominant du Poisson dans le régime alimentaire. Rien cependant ne justifie la moindre appréhension à cet égard. L'expérience commencée sans doute dès les premiers âges du monde s'est continuée chez une infinité de peuples, sur une telle échelle, à travers les temps, qu'il n'est difficile à personne de se former une opinion solidement appuyée sur les faits (2). » La valeur nutritive du Poisson est d'ailleurs de premier ordre. Schultz, Limpricht (3) et surtout Payen (4) ont donné l'analyse de la chair de différentes espèces :

« Les quantités proportionnelles d'azote et de carbone sont à peu près semblables à celles que fournit la viande de bœuf chez le Brochet et la Carpe. L'azote est en proportion un peu moins forte chez le Saumon, le Goujon, l'Ablette, l'Anguille, beaucoup plus faible chez le Barbeau.

---

(1) Les lacs pyrénéens ne renferment qu'une seule espèce de poisson : la Truite commune (*Trutta fario*), avec ses variétés : Saumonée (*T. argentea* Val) et Noire (*T. alpina* Gmel.). (Belloc.)

(2) E. Blanchard. *Les Poissons des eaux douces de France.* Paris, 1880.

(3) *Annalen der Chemie und Pharmacie*, août 1863.

(4) *Précis théorique des substances alimentaires*, 1865, p. 214 et sq.

D'après ces données, on peut concevoir une idée assez exacte de la valeur alimentaire de quelques-uns de nos Poissons (1). »

Au point de vue de la répartition des espèces, la faune de nos lacs offre un certain nombre de particularités qu'il est fort difficile d'expliquer. La cause ne peut en être attribuée à la structure des régions hydrographiques. Les lacs d'Auvergne appartiennent il est vrai à deux bassins. Les uns, comme Anglard, Aydat, Chambon, Montcineyre, Pavin, Tazanat, etc., font partie du système de la Loire; les autres, tels que: Chambédaze, Chauvet, la Godivelle, Guéry, La Crégut, la Landie, du système de la Dordogne. Mais outre que ces deux bassins ont leur débouché dans la même partie de l'Océan, il n'existe pas entre eux de séparation tranchée. Pour la région que nous étudions, la ligne géographique de partage des eaux est une pure fiction : « Nous pourrions citer dans le Mont-Dore telle localité où un pâtre, en plaçant une motte de gazon, envoie à son gré l'eau d'un ruisseau dans la Dordogne ou dans la Loire (2). »

La nature de l'émissaire fournit une donnée plus importante. Dans les lacs dont le trop-plein s'échappe par infiltrations, le peuplement ne semble possible que par voie aérienne. Le lac supérieur de la Godivelle et celui de Servière réalisent à peu près ces conditions, car leurs déversoirs restent à sec dans les conditions ordinaires; aussi leur faune naturelle est-elle réduite à une seule espèce, la Perche.

En réalité, il serait nécessaire de posséder l'histoire précise de chacun de nos lacs, son « état civil », si l'on pouvait s'exprimer ainsi. L'acclimatation d'une espèce étant d'un intérêt direct pour tous, qui pourra jamais affirmer que la présence de tel ou tel Poisson dans un lac n'est point

(1) Blanchard. *Loc. cit.*, p. 546.
(2) Lecoq. *L'Eau sur le Plateau central*, p. 55.

le fait de l'homme ? Il faut avouer pourtant que nous ne manquons pas de renseignements à ce sujet. Dans le consciencieux ouvrage que nous avons déjà cité, bien souvent M. Berthoule a relevé une foule de documents sur lesquels nous aurons à revenir.

Ainsi que nous l'avons déjà fait remarquer ailleurs (1), le fonds de notre faune lacustre est constitué par la Perche et la Tanche .et, à un moindre degré, par la Carpe et le Brochet, la Truite et le Gardon. Deux lacs entre autres sont remarquables par la singularité de leur faune naturelle : Guéry et Pavin. Le premier peuplé seulement de Truites et d'Epinochettes, l'autre d'Ablettes et de Goujons.

Il n'est pas sans intérêt de rappeler ici la notice que M. le professeur Blanchard a consacrée à l'étude des Goujons du Pavin que Lecoq lui avait envoyés : « Quelques-uns de ces Goujons étaient remarquables non-seulement par leur taille, mais encore par leur coloration plus grise qu'à l'ordinaire, par les taches noires répandues sur toutes leurs écailles, à l'exception de celles de la région ventrale, par la présence des mouchetures très nombreuses et très prononcées de leurs nageoires dorsale et caudale et par la présence de semblables mouchetures encore assez multipliées sur leurs nageoires inférieures. Cependant, comme ces caractères étaient affaiblis chez plusieurs individus des mêmes localités, dont les dimensions étaient un peu moins fortes que chez les autres; comme, en outre, les écailles soumises à une observation attentive et à une comparaison rigoureuse n'ont rien offert de particulier, je n'ai pu voir dans ces Goujons de l'Auvergne que des individus très développés et remarquablement colorés par suite de circonstances locales dont il ne m'a pas été possible de déterminer la nature (2). »

(1) C. Bruyant. *Note sur la Faune supérieure des lacs d'Auvergne*, Ass. fr. av. Sc. Besançon, 1893, t. I, p. 255.

(2) Blanchard. *Loc. cit.*, p. 298.

Il est naturel en effet que les espèces de nos lacs, sous l'influence continue des conditions d'existence créées par le milieu bien déterminé où elles vivent, prennent un facies particulier. Les exemples de ces modifications ne sont pas difficiles à trouver. Tout en laissant de côté les formes assez tranchées que l'on considérait jadis comme des espèces distinctes *(T. lacustris, T. argentea)*, les individus de la *Trutta fario*, qui s'adaptent à la vie lacustre, comme à la Landie, acquièrent une allure caractéristique aux yeux des pêcheurs expérimentés.

Le tableau synoptique suivant, dont les éléments ont été puisés dans l'ouvrage de M. Berthoule, nous dispensera de donner plus de détails sur la faune de chaque lac :

TABLEAU SYNOPTIQUE DE LA FAUNE DES LACS D'AUVERGNE

Poissons (1).

	Ablette (*Alburnus lucidus* L.)	Brème (*Abramis brama* L.)	Brochet (*Esox lucius* L.)	Carpe (*Cyprinus carpio* L.)	Chevaine (*Squalius cephalus* L.)	Coregone (*Coregonus fera* Jur.)	Epinochette (*Gasterosteus pungitius* L.)	Gardon (*Leuciscus rutilus* L.)	Goujon (*Gobio fluviatilis* Val.)	Ombre-Chevalier (*Umbla salvelinus* L.)	Perche (*Perca fluviatilis* Bell.)	Tanche (*Tinca vulgaris* L.)	Truite (*Trutta fario* L.)
Anglard........		×	×					×			×	×	
Aydat.........				×	×			×	×		×	×	⊜
Chambédaze.....			×	⊜				×			×	⊜	
Chamhon.......		×	×					×			×	×	×
Chauvet........	×					⊜				⊜	×	⊜	⊜
La Crégut......											×	×	
Esclauzes.......			×								×	×	
La Faye........											×	×	×
Godivelle inférieur			×								×	×	×
Godivelle supér..											×		
Guéry..........							×						×
La Landie......			×								×	×	⊜
Montcineyre.....	×		×					×			×		
Pavin..........	×								×	⊜			⊜
Servière........											×		⊜
Tazanat........		×	×	×							×	×	

(1) Le signe ⊜ désigne les espèces introduites.

L'introduction d'espèces nouvelles a modifié considérablement la faune de plusieurs de nos lacs. Les résultats vraiment heureux de cette acclimatation sont exposés en détail par M. Berthoule, avec toute la compétence qu'on lui reconnaît à bon droit. Nous résumerons donc le plus brièvement possible les principaux faits relatifs à cette question, heureux de pouvoir suivre un guide aussi sûr.

Le premier document relatif à la culture des lacs en Auvergne remonte à Lecoq et a été publié dans le Bulletin de la Société zoologique d'acclimatation (1860, p. 518). Au nom de Lecoq se joint celui de Rico qui, dès 1859, avait entrepris les travaux d'aménagement du Pavin et dont les premières expériences furent signalées à la Société d'acclimatation par Gillet de Grandmont (1).

Après avoir clôturé la nappe d'eau, Rico y répandit, d'année en année, un nombre considérable d'alevins de Truites qui s'y développèrent admirablement. Il suffit de consulter les chiffres rapportés par M. Berthoule pour voir combien il a été facile de créer et d'augmenter le rapport du lac au prix d'efforts peu dispendieux.

Et cependant d'autres espèces, l'Ombre-chevalier et le Coregone Fera, la Carpe et la Tanche d'autre part n'y ont point prospéré.

Des alevins de *Salmo salar* et de *Salmo Hucho* paraîtraient avoir mieux réussi. Dans les premières années, on put capturer une centaine de jeunes Saumons d'Europe et l'un d'eux fut même présenté à la Société d'acclimatation (1863). En 1887, de nombreuses pêches effectuées en juin auraient également ramené un grand nombre d'individus appartenant à la même espèce ; or, depuis les premiers ensemencements pratiqués par Rico, il n'avait été déposé que 200 alevins en 1884. Le fait est attesté d'une façon formelle par une lettre d'un ancien fermier du lac ; malheureusement la détermination des sujets signalés n'a pu être

(1) Bulletin de la Société zoologique d'acclimatation, 1863, p. 261 et 332.

contrôlée. De même celle des deux exemplaires de *Salmo Hucho*, l'un de 8 kilos, l'autre de 14 kilos 500, repris dix ans après l'introduction de l'espèce. Si ces faits étaient avérés, ils apporteraient des documents importants à la question encore débattue de l'élevage des Saumons en bassins fermés.

Le Pavin est loin d'être le seul lac dont on ait développé les ressources naturelles. Aydat, Servière, la Landie ont reçu de vigoureuses colonies de Truites qui s'y sont largement multipliées. Au lac Guéry, que des Truites renommées peuplaient déjà en abondance, M. Ondet a créé, en 1881, des viviers et un laboratoire de pisciculture. Mais c'est surtout au lac Chauvet, propriété de M. Berthoule, qu'on peut le mieux apprécier les résultats d'une culture rationnelle des eaux.

Rien n'a été négligé, d'ailleurs, pour assurer le succès. Point d'installation luxueuse mais tout le nécessaire pour la pratique de la culture : un laboratoire d'éclosion à Besse, puis, sur le bord du lac, assise sur l'émissaire même dont elle protège la clôture, une maison de pêche solidement construite, parfaitement aménagée pour les opérations immédiates et pour un séjour de courte durée.

« Au cours de l'hiver 1869-1870, le Laboratoire reçut exactement 5,500 œufs de Saumon (*S. salar*), 2,000 œufs de Truite des lacs et à peu près autant de Truite saumonée, auxquels il faut ajouter 475 œufs de *T. fario*, enfin 70,000 œufs de Coregone (*C. Fera*). »

En 1872, nouvel ensemencement : Truite des lacs, 7,000 ; Ombre-chevalier, 9,000 ; Truite commune, 35,000 ; Coregone Fera, 40,000.

« Ces ensemencements se sont continués régulièrement depuis cette date avec des œufs de provenances diverses appartenant aux espèces les plus estimées d'Europe et même d'Amérique, notamment la Truite de Lochleven, la *S. fontinalis*, le *Coregonus marœna* et, plus récemment, la magnifique Truite arc-en-ciel *(Rainbow trout, S. irideus).* »

Enfin, pour compléter l'énumération des espèces importées au Chauvet, il nous faut ajouter une soixantaine de Tanches adultes de 2 à 300 grammes.

Il est intéressant de rechercher comment ces différentes espèces se sont comportées dans leur nouveau domaine. Comme dans les autres lacs, les Truites se sont développées sans encombre. Les Saumons ont disparu sans laisser de traces. L'Ombre-chevalier se montre très rarement, bien qu'il puisse prospérer dans les eaux du pays. « Nous en conservons depuis fort longtemps en captivité dans des bassins assez étroits dans lesquels sa taille s'est développée d'une manière notable. » La Tanche paraît être acquise ; il n'est pas rare d'en prendre d'un poids voisin de 3 kilogrammes. Enfin des exemplaires de Coregone Fera ont été capturés assez fréquemment, « mais cette pêche n'a pas pris l'importance qu'on pouvait en attendre, sans doute par cette raison qu'elle n'a guère été tentée que de jour et sur les bords, alors qu'il faudrait l'exercer de nuit par de grands fonds et avec des filets spéciaux, comme on fait au lac Léman (1). »

Cette étude un peu longue, mais précise, méritait d'être donnée en détail. Les conclusions auxquelles elle conduit indiquent en effet dans quel sens doivent être continuées les entreprises de pisciculture; elles jetteront en outre un certain jour sur les conditions d'existence de plusieurs espèces et, par là, sur le mode de peuplement de nos bassins lacustres.

En somme, on voit par ce qui précède combien nous sommes loin d'être arriérés en Auvergne. Sans compter le Laboratoire départemental, sans compter les magnifiques établissements de pisciculture que nous possédons dans

(1) A. Berthoule, *Les Lacs d'Auvergne*, p. 37 et *sq*.

notre région, tel que celui de M. Frank Chauvassaignes à Theix, plusieurs de nos lacs, d'ailleurs si favorables à la culture, ont été aménagés avec beaucoup de soin : ainsi ont été acquis des résultants importants qu'on serait heureux de retrouver partout où ce serait possible. Les belles recherches de M. Belloc ont attiré l'attention sur les innombrables lacs des Pyrénées. Là point de culture, point d'amélioration : « Quelques tentatives d'empoissonnement ont bien été faites dans certaines parties de la région pyrénéenne, mais ce sont des faits isolés et qui n'ont rien de commun avec les méthodes perfectionnées appliquées actuellement à la production et à l'élevage raisonné du Poisson comestible... Et cependant en négligeant ce grand problème économique de la mise en production des masses d'eau qui couvrent leurs territoires, les municipalités sont coupables à tous égards. Non-seulement elles privent leurs concitoyens d'un produit naturel et d'un aliment éminemment sain, mais encore elles renoncent bénévolement à un profit assuré qui augmenterait le revenu communal dans de notables proportions (1). »

V.

INSECTES.

Répandus à profusion dans toutes les eaux, capables de changer de séjour à leur gré, les Insectes ne pourront nous donner matière aux observations que suggère l'étude des formes purement lacustres. En revanche la multiplicité de leurs espèces, dont la biologie présente encore bien des lacunes, la nature de leurs métamorphoses souvent même inconnues, fourniront un champ inépuisable de recherches.

(1) E. Belloc. *Utilisation des cuvettes lacustres pyrénéennes pour la pisciculture*, Ass. fr. av. Sc. Pau, 1892, t. II, p. 516.

Les Insectes sont, de tous les animaux, les plus collectionnés, les plus catalogués; mais ils comptent aussi parmi ceux dont l'anatomie et la biologie sont le moins étudiées, tout en réservant peut-être le plus de surprises.

Nous ne possédons que fort peu de travaux relatifs à l'entomologie de notre région. Baudet-Lafarge, dont la belle collection (Coléoptères) est encore à la Faculté des Sciences, avait publié deux monographies : l'une des Carabides , l'autre des Lamellicornes de notre région (1). Malheureusement ces monographies, qui sont des modèles de clarté et de précision, sont restées à peu près dans l'oubli. Depuis cette époque, des catalogues partiels, des comptes-rendus d'excursions, sont les seuls documents que nous puissions découvrir. Le plus intéressant est le « Rapport sur la session extraordinaire de la Société entomologique de France (2) » tenue à Clermont-Ferrand en juin 1859, sous la présidence du docteur Laboulbène. Ce rapport, rédigé par M. Emm. Martin, secrétaire de l'excursion, donne les listes des Lépidoptères et des Coléoptères recueillis au cours de l'exploration des Monts Dômes et des Monts Dore. Citons encore dans le même ordre d'idées la brochure publiée par M. Daude (3), où nous trouvons l'énumération des espèces les plus saillantes que le coléoptériste peut rencontrer dans la région de la Haute-Auvergne. Les lépidoptéristes, plus favorisés, possèdent un catalogue des Lépidoptères du Puy-de-Dôme, de M. Guillemot (4), de Thiers. Enfin dans ces dernières années, nous avons nous-même publié une étude sur nos Formicides indigènes (5); mais ce travail, restreint aux

(1) *Essai sur l'Entomologie du département du Puy-de-Dôme* : Monographie des Lamelliantennes. Clermont, Landriot, 1809, et Mon. des Carabiques, 1836.

(2) Annales de la Société entomologique de France, 1859.

(3) P. Daude. *Le Touriste au Cantal*. Saint-Flour.

(4) Guillemot. *Catalogue des Lépidoptères du Puy-de-Dôme*. Clermont.

(5) C. Bruyant. *Contribution à l'étude des Formicides de France*. Paris, 1890.

espèces recueillies dans nos environs, nécessite un supplément que nous espérons pouvoir donner bientôt (1).

La faune entomologique de nos lacs n'a donc été l'objet d'aucune recherche ; elle comprend cependant une nombreuse série d'espèces qui sont loin d'être parfaitement connues. Attaché depuis déjà longtemps à cette vaste étude, nous ne pouvons songer à la présenter en détail dans ce travail borné exclusivement aux documents actuellement acquis. Nous nous contenterons de donner quelques rapides indications sur la faune générale des eaux en ajoutant un genera précis des formes qu'elle comprend.

Parmi les Insectes, les uns accomplissent dans le milieu aquatique toutes les phases de leur évolution, ce sont les Coléoptères et les Hémiptères (2). Les adultes sont toujours pourvus de stigmates ; ils respirent donc l'air libre qu'ils viennent en général chercher à la surface de l'eau ; les larves, au contraire, possèdent souvent des branchies et sont alors tout à fait adaptées à la vie aquatique. Plus rarement ces Insectes se montrent terrestres à la fin de leur développement, tels les *Cyphon*, dont les larves se reconnaissent entre toutes à la forme aplatie de leur corps, à la longueur de leurs antennes.

Les Hémiptères ont, comme on sait, des métamorphoses incomplètes ; leurs larves offriront les mêmes mœurs que les Insectes parfaits. Nous passerons donc rapidement sur leur étude en renvoyant à l'excellent synopsis de M. le docteur Puton (3), d'après lequel nous avons établi notre

(1) La faune de certains de nos départements voisins est bien plus étudiée. M. Ernest Olivier, directeur de la Revue Scientifique du Bourbonnais et du centre de la France, et déjà bien connu par ses travaux antérieurs, a entrepris l'étude détaillée de la faune de l'Allier. Trois parties de cet important ouvrage (Vertébrés, Coléoptères, Orthoptères) ont déjà paru et font attendre impatiemment la publication des autres.

(2) Cf. Dr Achille Griffini. *Gli Insetti acquaioli.* Torino, 1894.

(3) Dr Puton. *Synopsis des Hémiptères hétéroptères de France.* Paris, 1878-1881.

tableau synoptique des genres et qui mènera facilement à
la détermination des espèces. Nous avons exposé ailleurs
la biologie des formes les plus intéressantes (1); nous rap-
pellerons seulement l'existence dans nos lacs d'une Corise
minuscule, la *Sigara minutissima*, dont M. le docteur
Puton a bien voulu nous donner une détermination précise. Cet Hémiptère se fait remarquer par la faculté qu'il
possède, malgré son exiguité, de produire une stridulation
fort distincte. Nous avons décrit le mécanisme de cette
stridulation qui est produite par le frottement sur le rostre
des tarses antérieurs modifiés (2). La biologie de la *Sigara
minutissima* offre également une particularité curieuse :
la larve, aussi bien que l'adulte, paraît capable de vivre
en parasite ou en commensale à l'intérieur même des Spongilles, qui abondent dans la plupart de nos lacs.

Les Coléoptères offrent pour nous un intérêt particulier;
beaucoup de formes en effet paraissent spéciales aux régions montagneuses, et connues déjà dans les Alpes, les
Pyrénées, etc., existent sans doute en Auvergne. Parmi
celles-ci, signalons : *Empleurus alpinus* Heer, *Henico-
cerus granulatus* Muls. et *Helophorus arvernicus* Muls.
Cette dernière a été découverte au Mont-Dore par M. Clé-
ment Rey (3), puis retrouvée dans la suite au mont Pilat,
en Suisse, etc.

Les Coléoptères aquatiques appartiennent à une série
assez nombreuse de familles que nous examinerons le plus
rapidement possible. Nous avons caractérisé dans nos ta-

(1) C. Bruyant. *Les Insectes de nos lacs*, conférence faite à la station biologique
de Besse. Clermont, 1891.
(2) *Id. Note sur un Hémiptère recueilli au lac Chauvet*. Ass. fr. av. Sc.
Besançon 1893, p. 251; *Sur un Hémiptère aquatique stridulant*. C.-R. Ac. Sc.,
5 février 1894.
(3) Mulsant. *Sulcicolles, Serripalpes* : supplément aux *Palpicornes*. Paris,
1846,

bleaux (1) les genres qui sont adoptés dans le synopsis si pratique de M. Fauconnet (2) ; il sera donc facile d'arriver aux espèces si l'on possède ce dernier ouvrage, indispensable à tout entomologiste.

I. Dytiscides (3).

— Les Dytiscides sont des carnassiers adaptés à la vie aquatique ; la structure de leurs pièces buccales est identique à celle qu'on observe chez les Carabides ; la présence de *quatre palpes* à chaque mâchoire les fera donc reconnaître immédiatement parmi les autres Coléoptères qu'on trouvera dans les eaux. De forme ovalaire, leur corps est parfaitement conformé pour la natation ; aussi les Dytiscides sont d'excellents nageurs. Très voraces, les espèces de forte taille s'attaquent même aux Vertébrés et quelques-unes d'entre elles (*Dytiscus*) doivent être soigneusement éloignées des viviers de pisciculture.

Les larves (4) des Dytiscides sont également carnassières. Leur corps est cylindrique, effilé en arrière, pourvu de pattes thoraciques bien développées ; leur bouche est armée de très fortes mandibules. Les unes, comme celles des *Dytiscus*, possèdent des stigmates terminaux et doivent pour respirer remonter à la surface de l'eau ; d'autres ont des branchies trachéennes (*Cnemidotus*). Chez certaines (*Haliplus*), on pourrait même observer de véritables

---

(1) Ces tableaux sont établis d'après les monographies bien connues de Fairmaire et Laboulbène : *Faune entomologique française*. Paris, 1854 ; Rey : *Palpicornes*, deuxième édition. Beaune, 1885 ; Mulsant et Rey : *Improsternés, Uncifères, Diversicornes, Spinipèdes*. Paris, 1872 ; Redtenbacher : *Fauna austriaca*, Wien, 1849, etc.

(2) Fauconnet. *Faune analytique des Coléoptères de France*. Autun, 1892.

(3) Aubé. *Species général des Hydrocanthares*. Paris, 1838.

(4) Rupertsberger. *Biologie der Kæfer Europas*. — Chapuis et Candèze. *Catalogue des larves de Coléoptères*. — Schmidt-Schwedt. *Die Kerfe und Kerflarven des Susswassers*. — *Cf.* aussi : Schiœdte *in Naturhistorik Tiddskrift* de Kroyer, Rœsel, Réaumur, de Geer, etc.

branchies en relation non point avec le système trachéen, mais avec l'appareil circulatoire (Schiœdte).

II. **Gyrinides** (1). — Les Gyrinides s'éloignent déjà du type précédent, bien qu'ils soient encore franchement carnassiers : leurs mâchoires n'offrent plus qu'un seul palpe, l'externe étant nul ou réduit à un appendice très grêle. Mais un caractère spécial, bien facile à saisir, permettra de les distinguer sans peine : chacun de leurs yeux composés est séparé en deux moitiés, l'une inférieure, l'autre supérieure. En outre, les pattes postérieures et intermédiaires sont courtes, larges, très comprimées, peu distinctement articulées ; les pattes antérieures, au contraire, sont bien développées.

Leurs larves, connues déjà de Modeer (2), diffèrent beaucoup des larves de Dytiscides ; elles se font remarquer par la présence, à chaque segment abdominal, d'une paire de longs appendices filiformes ciliés ; le huitième anneau en porte deux paires et l'anus est entouré de quatre petites pièces crochues. Les appendices abdominaux sont des branchies trachéennes.

III. **Palpicornes** (3). — Sous le nom de Palpicornes, on comprend, depuis Latreille, un nombre considérable d'espèces de facies variables, mais unies par un caractère commun tiré des palpes maxillaires : ceux-ci sont aussi longs ou plus longs que les antennes. Les Palpicornes nous montrent toutes les transitions possibles du régime carnivore au régime phytophage et de la vie aquatique à la vie terrestre. A côté d'espèces essentiellement nageuses, telles que les *Hydrophilus*, *Hydrous*, vivent des espèces mar-

(1) Regimbart. *Essai monographique de la famille des Gyrinides*. Paris, 1883.
(2) *Mémoire Acad. royale de Suède*, 1770, p. 321.
(3) Rey. *Histoire naturelle des Coléoptères de France, Palpicornes*, 2e édition, Beaune, 1885.

cheuses : celles-là nagent peu, on les voit se mouvoir avec
précaution à la surface des plantes aquatiques ou des objets immergés (*Hydrobius*, etc.). D'autres quittent volontiers leur élément natal et peuvent se rencontrer sous la
mousse, les feuilles mouillées, etc. Les dernières, enfin,
ont abandonné complètement les eaux pour vivre comme
bien d'autres parmi les déjections ou les matières en
décomposition (*Sphæridium*, *Cercyon*, etc.). Ces espèces
sont naturellement groupées dans la section des Géophilides.

Comme chez les Dytiscides, beaucoup de formes larvaires sont encore inconnues. Celles des *Hydrophilus* respirent l'air libre par des stigmates terminaux ; quelques-unes
(*Berosus spinosus*, *Philydrus testaceus*) posséderaient
des branchies trachéennes (Schiœdte) au nombre de cinq
ou six paires.

IV. **Parnides** (1). — La petite famille des Parnides,
bien moins connue que les précédentes, comprend des Insectes de petite taille, d'allure lente, vivant dans les fla-
ques d'eau, les ruisseaux, les rivières, sans quitter jamais
les plantes aquatiques ou les débris submergés. Le régime
de ces êtres est assez mal déterminé, végétal suivant les
uns, animal suivant les autres.

Les Parnides se reconnaîtront à leurs antennes courtes
dont le deuxième article est très développé et dont les suivants se renflent de façon à former une petite massue fusiforme. La face centrale de l'abdomen présente cinq segments dont les quatre antérieurs sont soudés. Les tarses
sont pentamères avec l'article terminal très allongé et muni
de deux forts crochets.

Les métamorphoses des Parnides ont été longtemps
ignorées. La larve de *Potamophilus acuminatus* a été la

(1) Mulsant. *Histoire naturelle des Coléoptères de France* : Improsternés, Uncifères, Diversicornes, Spinipèdes. Paris, 1872.

première décrite. Découverte par S. Dufour (1), cette larve, qui vit dans les vieux bois submergés, possède un appareil respiratoire remarquable, en relation à la fois avec des stigmates et des branchies caudales. « Celles-ci sont constituées par des aigrettes de soie d'une extrême finesse qui sortent au gré de l'animal, et comme par la détente d'un ressort, de dessous un panneau tégumentaire ventral, mobile sur la base : dans l'exercice actif de leurs fonctions, elles s'épanouissent de chaque côté en élégantes gerbes fasciculées. »

D'autre part, la larve du *Parnus auriculatus*, signalée d'abord par M. Beling (2), a été de la part de M. Xamben l'objet d'une étude suivie (3); comme la précédente, elle vit du tissu désagrégé des vieux bois humides; vers la fin de juillet, elle se creuse une vaste loge où elle accomplit sa phase nymphale dont la durée est d'une quinzaine de jours environ.

V. **Hétérocérides**. — Les Hétérocérides sont moins franchement aquatiques et vivent dans les sables aux bords des eaux douces et salées. Leurs tarses sont tétramères, leurs antennes, courtes, sont composées de onze articles, le premier le plus grand, élargi et cilié extérieurement; le deuxième aussi large ou plus large que long, également cilié, les autres renflés en une massue ciliée et dentée au côté interne. Les jambes antérieures sont élargies, dentées et armées d'épines disposées en rangées.

Les larves découvertes par Miger (4) ont été signalées successivement par Westwood, Kiesenwetter, Erichson, Chapuis et Candèze, Lacordaire, Letzner, etc. Elles pos-

(1) S. Dufour. C.-R. Acad. des Sciences, 1862, p. 260. — Annales des Sciences naturelles, 1862, p. 162.
(2) Beling. *Vorhandl. des Zool. Bot. Vereins.* Vienne, 1882.
(3) Capitaine Xamben. *Mœurs et métamorphoses du Parnus auriculatus* Panz, Le Naturaliste, 1893, p. 120.
(4) Mulsant. *Loc. cit.*, p. 7.

sèdent neuf paires de stigmates et se rencontrent dans les mêmes conditions que l'adulte.

VI. **Elmides**. — Assez voisins des Parnides, les Elmides sont de minuscules Insectes, habitants des eaux vives où on les surprendra accrochés solidement aux pierres ou aux racines. Leurs antennes sont filiformes, avec le dernier article quelquefois épaissi ; les tarses pentamères, avec les quatre premiers articles courts, subégaux et le dernier allongé, muni de robustes crochets. Le ventre est composé de cinq arceaux, les quatre premiers soudés.

Depuis Müller, Westwood, Erichson, Chapuis et Candèze, Laboulbène, ont décrit et figuré diverses formes larvaires d'Elmides. Ces larves rappellent par l'organisation celle du *Potamophilus acuminatus*. Le dernier des neuf segments de l'abdomen, tronqué et entaillé à l'extrémité, offre en dessus une plaque uniforme et en dessous une face ventrale suivie d'un opercule terminal : « Quand la larve est vivante, cet opercule en s'abaissant laisse fréquemment sortir du corps trois faisceaux de branchies divisés chacun en pinceaux de filaments qui servent à la respiration (1). » Dufour et Perez (2) ont, d'autre part, signalé une disposition analogue des branchies chez la larve du *Macronychus quadrituberculatus*.

VII. **Donacides**. — Appartenant à une série toute différente (*Phytophages*), les Donacides se distinguent par leur facies de tous les types précédents. Ces Insectes rappellent de près les Longicornes. Leurs tarses sont tétramères, leurs antennes setiformes, longues et rapprochées à la base. Le corps est allongé et le premier segment ventral dépasse en longueur les quatre suivants réunis.

(1) Laboulbène. Annales de la Société entomologique de France, 1870, p. 407.
(2) Perez. *Histoire des métamorphoses du M. quadrituberculatus*. Ib. 1863, p. 621.

Les *Hæmonia* vivent accrochées aux tiges des végétaux submergés tels que les Potamogetons. Leurs métamorphoses, du moins pour une espèce, sont aujourd'hui bien connues (LEPRIEUR, BELLEVOYE) : leurs larves possèdent neuf paires de stigmates dont les derniers, plus déve-. loppés, se présentent sous forme de disques ferrugineux correspondant au péritrème.

Les *Donacia* à l'état adulte quittent leur élément natal : on les capture sur les parties aériennes des végétaux aquatiques ; en juillet 1893, la *Donacia crassipes* se rencontrait en nombre sur les feuilles flottantes du *Nuphar pumilum*, au lac de la Landie. Leurs larves vivent probablement à l'intérieur de ces végétaux.

.⁎.

Les autres types aquatiques se rapportent aux trois ordres des Lépidoptères, Névroptères et Diptères. Les adultes, à peu d'exceptions près, sont essentiellement aériens, mais viennent par des moyens divers placer leurs œufs dans l'élément nécessaire à leurs larves. Les uns, comme le Cousin, les déposent simplement à la surface ; d'autres pénètrent même au sein de l'eau, alors que, par leur constitution, ils sembleraient n'avoir rien à craindre de plus dangereux. Sans parler des petits Hyménoptères du groupe des Proctotrupides (*Polynema natans*, *Prestwichia aquatica*), que Sir John Lubbock a fait connaître, et qui se servent de leurs ailes ciliées comme de rames, il existe des Ichneumonides (*Agriotypus armatus*) qui trouvent le moyen d'attaquer des larves de Phryganes (*Aspatherium*) jusqu'au fond des mares. Von Siebold a observé la ponte d'une Libellule (*Lestes sponsa*) : le mâle et la femelle, l'un traînant l'autre, descendent le long des joncs à l'intérieur desquels les œufs sont introduits et peuvent séjourner longtemps sous l'eau, leur corps retenant une couche d'air suffisante pour assurer la respiration. Nous ne saurions passer outre sans signaler dans cet ordre d'idées ce singulier Névroptère du Canada, voisin des Perles de notre région, qui, pourvu à la fois de stigmates et de branchies disposées en houppes sur le thorax et les deux premiers anneaux de l'abdomen, peut vivre à la fois dans l'air et dans l'eau. Comme le fait remarquer Newport, c'est donc là un véritable amphibie dans toute l'acception du terme (*Pteronarcys regalis*).

Les larves aquatiques de Lépidoptères, en d'autres termes, les chenilles aquatiques méritent surtout d'attirer l'attention en raison de l'anomalie de leur habitat. Elles appartiennent aux genres *Paraponyx*, *Hydrocampa*, *Cataclysta*, *Acentropus* (Pyralides). Les adultes habitent le bord des ruisseaux ou des lacs, se rencontrant au repos sur les plantes qui le couvrent. Les larves, connues déjà de Réaumur, Lyonet, De Geer, ont en général la conformation des autres chenilles de Pyralides ; les unes s'entourent d'un fourreau de soie et de feuilles qu'elles traînent à la manière des Phryganes et qui retient l'air nécessaire à la respiration. Les autres restent nues, mais elles sont pourvues de branchies trachéennes.

Quant aux innombrables larves aquatiques de Diptères et de Névroptères, nous ne pouvons songer à les étudier ici : les plus remarquables sont d'ailleurs décrites dans tous les ouvrages d'entomologie. Nous nous contenterons de donner leurs caractères généraux dans un tableau d'ensemble. Ce tableau est, sous une forme différente, celui qu'a publié M. le docteur Schmidt-Schwedt dans un ouvrage bien connu (1). L'auteur, grâce à l'obligeante entremise de M. le docteur Zacharias, a bien voulu nous autoriser à le reproduire ; nous lui adressons ici tous nos remercîments.

(1) Die *Thier* und *Pflanzenwelt des Susswassers* von Dr Otto Zacharias. Leipzig 1891.

FAMILLE DES DYTISCIDES. — TABLEAU SYNOPTIQUE DES GENRES

Dytiscides....

Antennes de 10 art. Cuisses post. recouvertes à la base de 2 grandes lames coxales contiguës.

- Corps en ovale court. Dernier art. des palpes plus grand que le précédent. Elyt. pourvus d'une strie suturale formant rebord. ... *Cnemidotus.*
- Corps en ovale allongé. Dernier article des palpes plus court que le précédent. Pas de strie suturale..
  - Côtés du pron. parallèles. Elytres finement denticulés en scie en arrière.......... *Brychius.*
  - Pronotum rétréci en avant. Elytres non denticulés en arrière................. *Haliplus.*

Antennes de 11 articles cuisses postérieures découvertes.

- Tête libre, hanches postérieures fortement transversales..................... *Pelobius.*
- Tête enfoncée dans le corselet. Hanches post. très larges réduisant sur le côté le métastern. à 2 ailes de forme variable.
  - Ecusson caché. Taille petite ou très petite.
    - Tarses antér. et intermédiaires de 4 articles.
      - Crochets des tarses post. inégaux; l'un fixe l'autre mobile........ *Hyphydrus.*
      - Crochets des tarses postérieurs égaux et libres................. *Hydroporus.*
    - Tous les tarses de 5 articles.
      - Epimères mesothoraciques linéaires. Prosternum pointu, antennes du mâle dilatées..... *Noterus.*
      - Epimères mesothoraciques triangulaires. Prosternum en spatule, antennes filiformes........ *Laccophilus.*
  - Ecusson visible. Taille moyenne ou grande.
    - Taille dépassant toujours 25 millimètres,
      - Deux crochets aux tarses postérieurs....................... *Dytiscus.*
      - Un seul crochet aux tarses postérieurs....................... *Cybister.*
    - Taille inférieure en général à 18 millimètres ne dépassant jamais 22 millimètres.
      - Crochets des tarses post. égaux et libres.
        - Dernier article des palpes beaucoup plus long que le précédent .... *Eunectes.*
        - Derniers articles des palpes à peu près égaux... *Agabus.*
      - Crochets des tarses post. inégaux.
        - Prosternum aigu en arrière.
          - Crochet sup. du tarse post. fixe et plus court que l'autre.......... *Ilybius.*
          - Crochet sup. du tarse post. fixe et près de 3 fois plus long que l'autre. *Colymbetes.*
        - Prosternum arrondi.
          - Elytres des femelles sillonnés, corps aplati, plus large en arrière..... *Acilius.*
          - Elytres des femelles lisses, corps ovalaire, peu convexe........ *Hydaticus.*

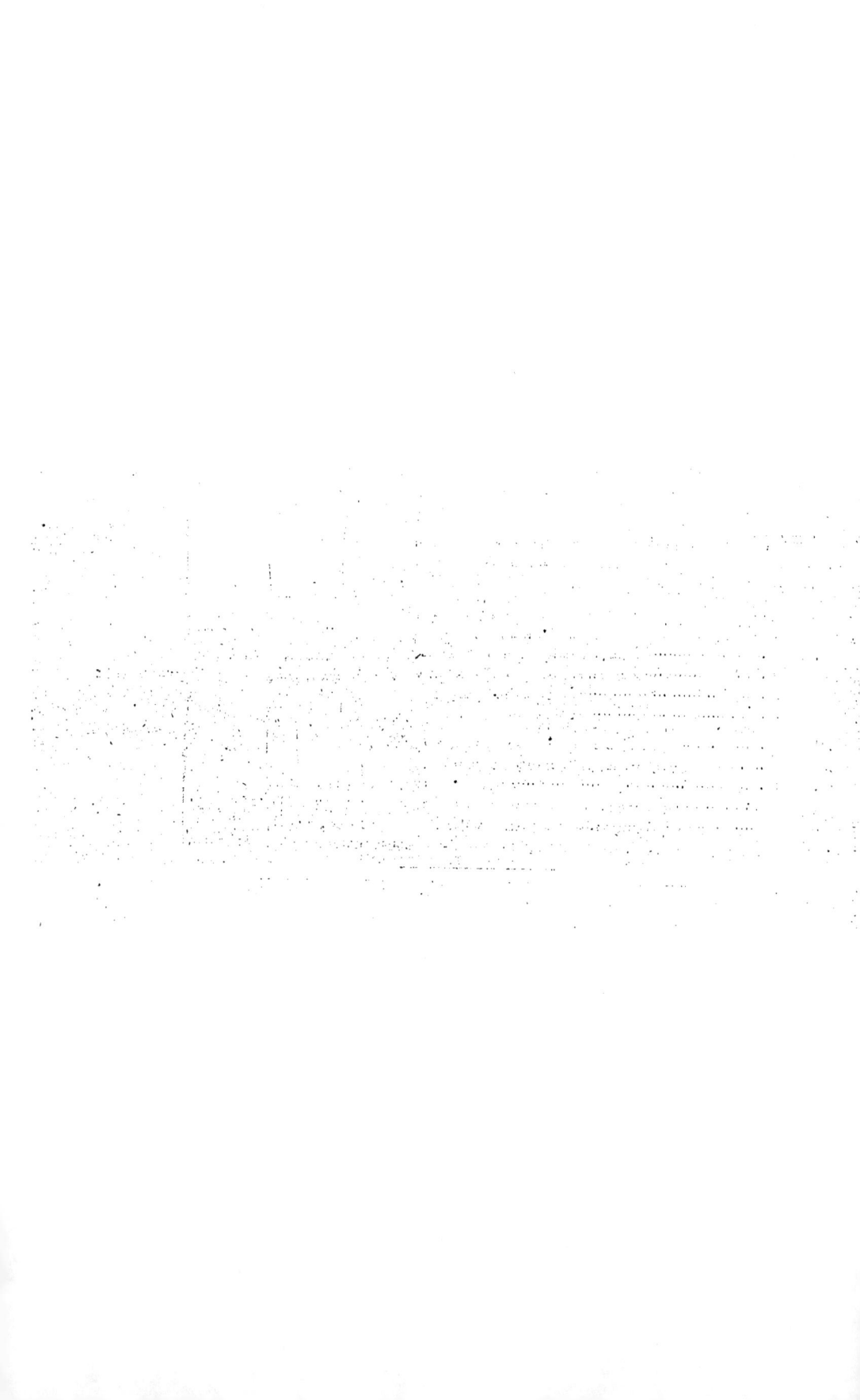

Gyrinides......
{ Dessus glabre; dernier segment abdominal arrondi et aplati; labre transversal... *Gyrinus.*
{ Dessus pubescent, entièrement ponctué; dernier segment abdominal pyramidal, triangulaire; labre allongé.......................... *Orectochilus.*

Hydrophilides.

Pronotum sans sillons ni fossettes, généralement rétréci en avant.

— Labre visible en dessous 2e article des tarses post. développé plus long que le 3e.

— — Antenne de 8 à 9 articles.

— — — Les 4 tarses postér. natatoires. Sternum prolongé postérieurement en épine.

— — — — Prosternum vertical, canaliculé. Pointe métast. dépassant fortement les hanches postérieures............................. *Hydrophilus.*

— — — — Prosternum en carène tranchante. Pointe métasternale ne dépassant pas les trochanters postérieurs........................ *Hydrous.*

— — — Les 4 tarses postér. non natatoires. Sternum non prolongé en épine.

— — — — Abdomen de 5 segments; les 2 premiers recouverts de 2 grandes plaques écailleuses.................................. *Chætarthria.*

— — — — Abdomen de 5 segments découverts.

— — — — — Antennes de 9 articles.

— — — — — — Elytr. pourvus d'une strie suturale

— — — — — — — Dernier article des palpes max. fusiforme, plus long que le précédent................. *Hydrobius*

— — — — — — — Dernier article des palpes max. subcylindrique, moins long que le précédent......... *Philydrus.*

— — — — — — Elytres dépourvus de strie suturale............ *Helochares.*

— — — — — Antennes de 8 articles. Jambes post. et interm. non ciliées ... *Laccobius.*

— — — — Abdomen de 7 segments. Elytres plus ou moins tronqués au sommet........ *Limnobius.*

— Antennes de 7 articles. Yeux saillants. Jambes postérieures et intermédiaires ciliées en dessous............ *Berosus.*

— Labre invisible en dessus. Deuxième article des tarses postérieurs, court, subégal au troisième .... *Spercheus*

Pronotum creusé de sillons ou de fossettes non rétréci en avant.

— Ventre de 5 arceaux.

— — Pronotum court, creusé de 5 sillons longitudinaux.................................... *Helophorus.*

— — Pronotum carré ou allongé, creusé de fossettes.................................... *Hydrochus.*

— Ventre de 6 arceaux.

— — Labre faiblement sinué ou entaillé. Dern. art. des palpes max. plus court et grêle que le précédent.

— — — Front marqué de 2 ou 3 fossettes; tête (avec les yeux), moins large que le thorax, celui-ci plus ou moins cordiforme...... *Ochthebius.*

— — — Tête sillonnée, au moins aussi large que le thorax (en comprenant les yeux); thorax carré, transverse................ *Calobius.*

— — Labre fortement échancré. Dernier article des palpes max. plus long et renflé que le précédent.. *Hydræna.*

I. Hydrophilides. — 1er article des tarses postérieurs très court, toujours moins long que le deuxième, souvent dissimulé en dessous. Larves munies de pattes. — V. le tableau synoptique précédent...

Palpicornes....

II. Géophilides.

1er article des tarses post. le plus long des 4 premiers. Larves apodes.

Mesosternum saillant entre les hanches interm. Antennes de 9 articl. Mœurs aquatiques.

Yeux entiers ou à peu près. Elytres ponctués avec une seule strie suturale raccourcie en avant... *Cyclonotum.*

Yeux entaillés par les joues. Elytres très finement pointillés et striés ponctués....... *Dactylosternum.*

Mesosternum non saillant. Antennes de 8 à 9 articles. Mœurs terrestres.

Antennes de 8 articles. Yeux échancrés; taille grande............................. *Sphæridium.*

Antennes de 9 art. Yeux entiers ou à peu près. Taille petite.

Prost. et mesost. étroits. Epipleures des élytres visibles à la base. *Cercyon.*

Prosternum et mesosternum très large. Epipleures nuls.

Tibias antérieurs échancrés. Côtés du prothorax non repliés en dessous. Dessus presque glabre.. .... *Megasternum.*

Tibias antérieurs entiers. Côtés du thorax repliés en dessous en triangle. Dessus finement pubescent.................. *Cryptopleurum.*

Parnides........
(Diversicornes Muls.)

Antennes libres au repos, à 2e article obtriangulaire plus long que large... *Potamophilus.*

Antennes logées, au repos, dans une cavité placée sous l'œil, 2e art. avancé en forme d'oreillette.

Prothorax dépourvu de lignes longitudinales de chaque côté du disque............ *Pomatinus.*

Prothorax rayé d'une ligne longitudinale de chaque côté du disque................ *Parnus.*

Heterocerides.
(Spinipèdes Muls.)

Arrête des plaques du 1er arceau ventral remontant intérieurement jusqu'à la rencontre des hanches postérieures.................... *Augyles.*

Arrête des plaques ventrales, se terminant sur le bord du premier arceau, plus ou moins près de son milieu, sans remonter vers les hanches.. *Heterocerus.*

Elmides........
(Unciières Muls.)

Antennes courtes, de 6 articles, le dernier formant massue... *Macronychus.*

Antennes filiformes de 11 articles distincts.

Prothorax plus large que long, non canaliculé sur la ligne médiane............... *Elmis.*

Prothorax au moins aussi long que large, creusé d'une gouttière sur la ligne médiane................ *Stenelmis.*

Donacides......

Tarses grêles, allongés, presque nus en dessous; dernier article plus long que les précédents; le 3e entier, non bilobé; élytres épineux à l'extrémité... *Hæmonia.*

Tarses médiocres, dilatés, tomenteux en dessous; dernier article plus court que les précédents réunis; le 3e profondément bilobé........ *Donacia.*

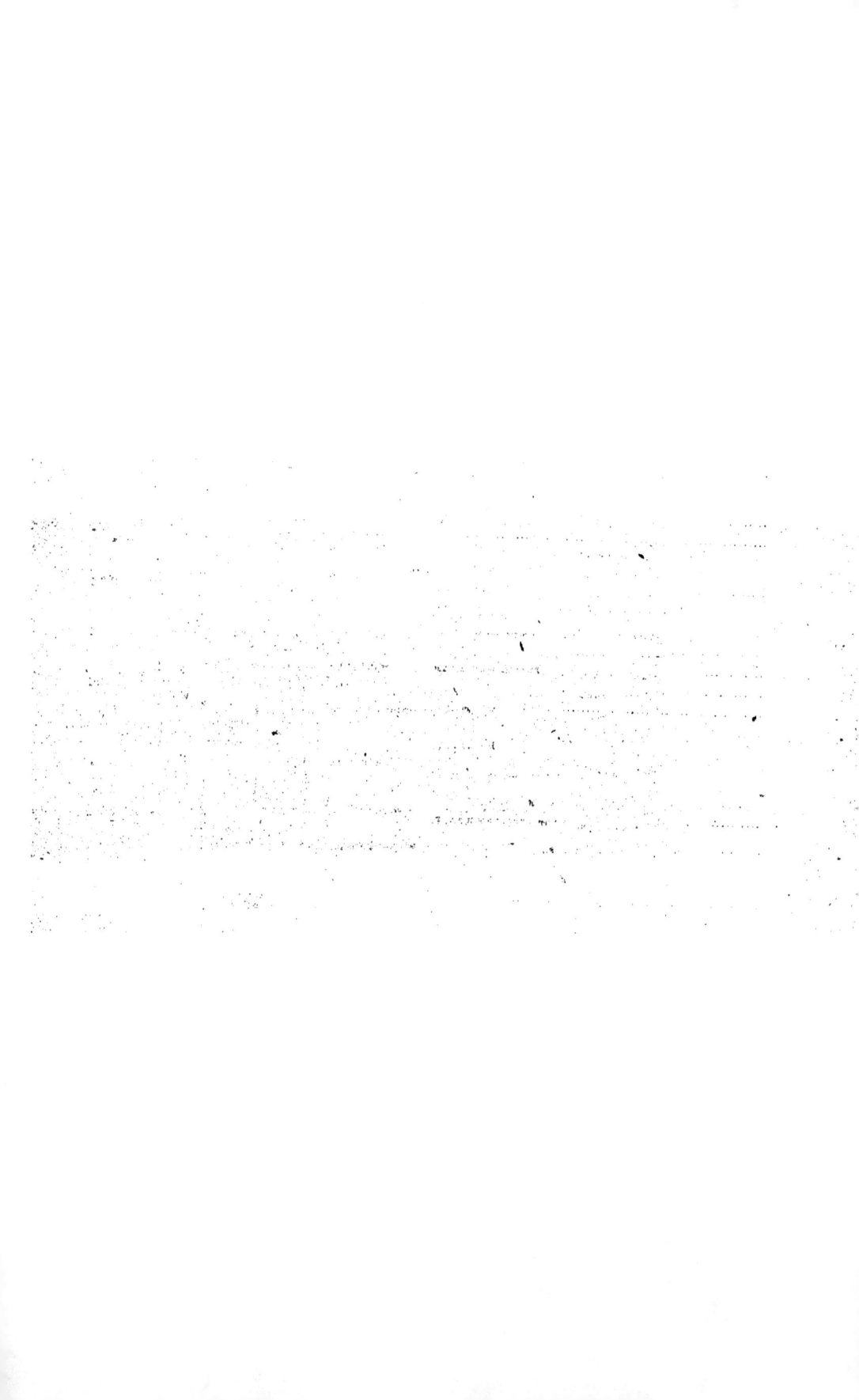

TABLEAU SYNOPTIQUE DES GENRES D'HÉMIPTÈRES AQUATIQUES

Cryptocerata ou Hydrocorisa. — Antennes extrêmement courtes, cachées dans une fossette en dessous de la tête.

- Des ocelles. Insectes ripicoles : **Pelogonides** .... *Pelogonus.*
- Pas d'ocelles. Insectes aquatiques.
  - Hanches ant. insérées sur le bord ant. du pronotum ou en son milieu.
    - **Naucorides** — Pas d'appendice tubuleux anal. Les 4 tarses post. de 2 articles. Antennes de 4 art., simples.
      - Tête transverse. Tarse antérieur d'un seul article et dépourvu de crochets .... *Naucoris.*
      - Tête triangulaire. Tous les tarses de deux articles et pourvus de 2 crochets .... *Aphelochirus.*
    - **Nepides** — Un long appendice anal. Tous les tarses uniarticulés. Ant. de 3 art. dont le 2e se prolonge latéralement.
      - Corps aplati, en ovale allongé .... *Nepa.*
      - Corps subcylindrique étroit .... *Ranatra.*
  - Hanches antérieures insérées au bord postér. du pronotum.
    - **Notonectides** — Rostre libre de 3 ou 4 articles. Insectes nageant sur le dos.
      - Taille petite (3mm). Elytres dépourvus de membrane .... *Plea.*
      - Taille grande (15mm). Elytres pourvus d'une membrane développée .... *Notonecta.*
    - **Corixides** — Rostre caché paraissant inarticulé.
      - Ecusson nul. Antennes de 4 articles .... *Corixa.*
      - Ecusson visible. Antennes de 3 articles .... *Sigara.*

Gymnocerata — Antennes libres plus longues que la tête, non cachées sous les yeux.

- Ongles insérés à l'extrémité du dernier article des tarses. Point de pubescence soyeuse sur la face inférieure du corps ....
- Ongles généralement insérés avant l'extrémité du dernier article tarsal. Insectes revêtus en dessous d'une pubescence soyeuse imperméable et vivant à la surface de l'eau.
  - **Hydrométrides** —
    - Hanches contiguës. Ecusson bien visible. Des ocelles .... *Mesovelia.*
    - Hanches post. écartées ; écusson peu visible ou même complètement caché.
      - Tête très allongée, renflée en avant. Yeux éloignés du pronotum. *Hydrometra.*
      - Tête courte ; yeux touchant le pronotum.
        - Rostre de 3 articles. Pattes insérées à égale distance les unes des autres.
          - Tibias intermédiaires non ciliés .... *Microvelia.*
          - Tibias intermédiaires fortement ciliés en arrière .... *Velia.*
        - Rostre de 4 articles. Pattes antér. très éloignées des autres .... *Gerris.*

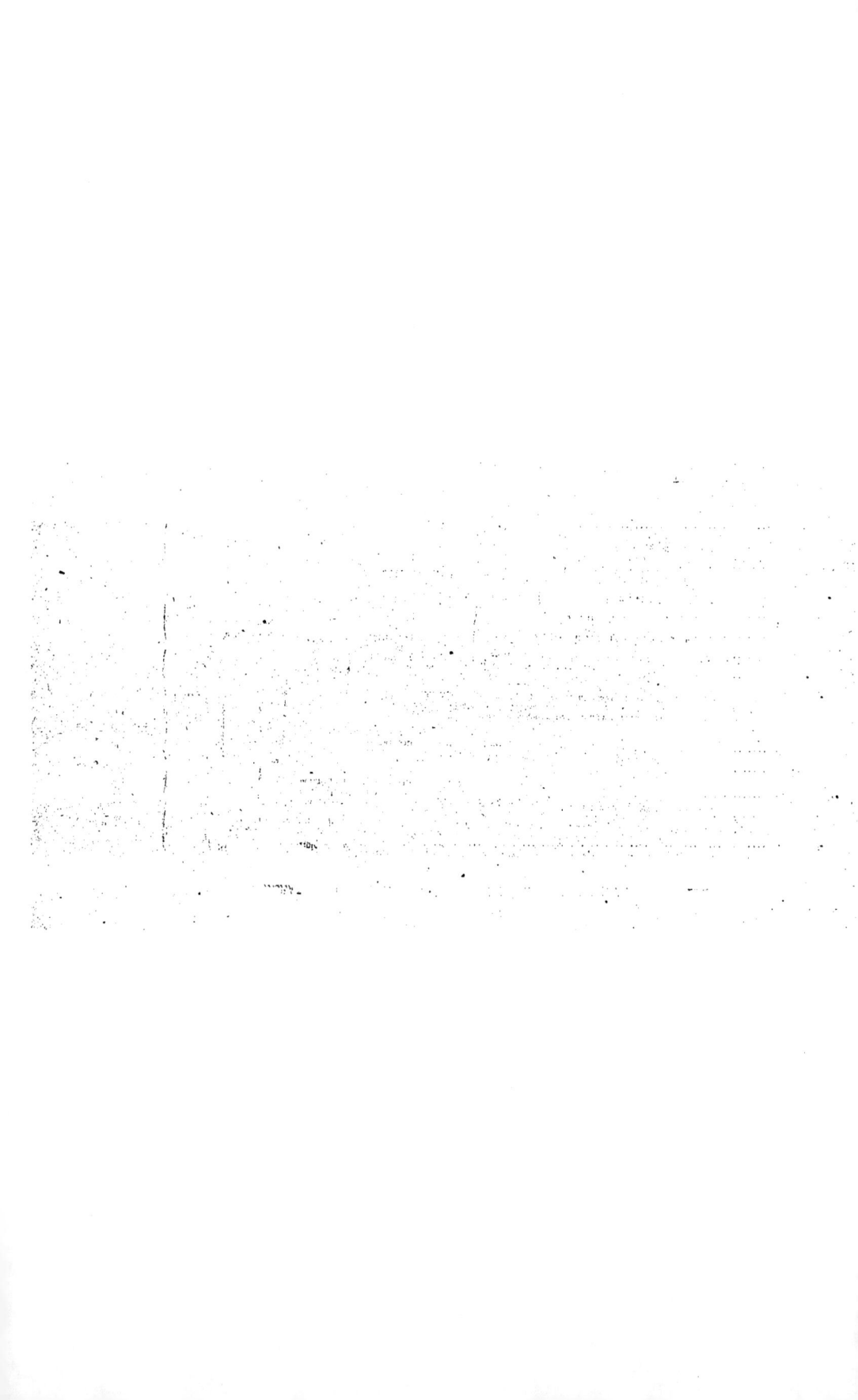

TABLEAU SYNOPTIQUE DES LARVES AQUATIQUES

Larves........

Pourvues de formations alaires, au moins à un certain stade de leur évolution.

Munies d'un rostre articulé.. **Rhynchotes.**

Munies de pièces masticatrices.

Lèvre inférieure développée en un organe préhenseur, pouvant se projeter au loin. Trois branchies lamelleuses à l'extrémité du corps ou des branchies rectales......... **Odonates.**

Lèvre inférieure normale

Des branchies seulement aux côtés de l'abdomen. Le plus souvent trois longs appendices abdominaux............................... **Ephémérides.**

Lèvre inférieure profondément divisée.

Pas de branchies sur les côtés de l'abdomen, mais souvent des branchies thoraciques. Deux appendices abdominaux...................... **Perlides.**

Anneaux thoraciques ne portant point de pattes articulées, mais quelquefois des appendices inarticulés, armés de nombreux crochets chitineux.. **Diptères.**

Un fort crochet chitineux à chacune des deux fausses pattes plus ou moins longues, placées à l'extrémité de l'abdomen. Antennes généralement nulles sinon bi-articulées et très petites. — Avec ou sans branchies filiformes, disposées en plusieurs rangées, — avec ou sans fourreau.................. **Phryganides.**

Toujours dépourvues de formations alaires. Anneaux thoraciques et abdominaux généralement semblables. Tarses généralement inarticulés.

Des pattes articulées aux trois anneaux thoraciques.

Sans crochets chitineux aux pattes postérieures; des antennes.

Chenilles avec 5 paires des fausses pattes aux 3e, 4e, 5e, 6e et dernier anneau abdominal. Fausses pattes armées d'une couronne de crochets............................. *Parapionyx.* *Hydrocampa.* *Cataclysta.* *Acentropus.*

Des branchies filiformes.

Sans crochets terminaux chitineux. Des branchies articulées à l'abdomen.......................... *Sialis.* *Zizyra.*

Quatre crochets terminaux chitineux. Des branchies abdominales inarticulées............................ **Gyrinides.**

Presque toujours sans pattes postérieures, ou du moins jamais avec des pattes postérieures disposées dans l'ordre indiqué ci-dessus.

Antennes plus longues que la moitié du corps; corps aplati................................ *Cyphon.*

Pas de branchies filiformes. 2 stigmates à l'extrémité du corps.

Antennes plus courtes que la moitié du corps. Corps plus ou moins cylindrique.

Avant-dernier anneau abdominal muni de deux crochets chitineux falciformes. Corps mou, pâle............................... **Donacides.**

Pas de crochets chitineux. Corps non décoloré.

Bord interne des mandibules falciformes inerme. Crochets des tarses distincts. Pattes à 6 articles. Presque toujours 2 crochets...... **Dytiscides.**

Bord interne des mandibules pourvu de dents ou de protubérances. Crochets des tarses jamais au nombre de 2; non distincts. Pattes à 5 articles............. **Hydrophilides.**

VI.

CRUSTACÉS.

Sans parler de l'Ecrevisse, et en considérant seulement les formes microscopiques qui rentrent dans l'interminable série des Entomostracés, l'étude des Crustacés ne laisse pas d'être importante au point de vue économique. Ce sont les Crustacés qui fournissent l'élément prédominant de la nourriture de beaucoup de nos poissons et en particulier des Salmonides, au moins à un certain stade de leur développement (1). Aussi leur culture devrait-elle généralement servir de base à la Pisciculture ; celle-ci donnerait alors des résultats bien plus rémunérateurs. Il est certain que les poissons, trouvant dans les bassins d'élevage la nourriture spéciale qui leur convient, au lieu d'une alimentation en quelque sorte artificielle et en tout cas anormale qu'on leur fournit souvent, acquerraient une valeur plus considérable. Dans quelques cas même, cette culture paraît indispensable : « l'élevage du Coregone, par exemple, ne deviendra facile que le jour où les procédés pour la production des Daphnies seront vulgarisés (1). » Une observation fort curieuse de M. le docteur Girod donne précisément une indication pour les procédés à suivre :

« Dans les bassins de pisciculture de Theix, les jeunes truites recherchent particulièrement les canaux dont le fond est couvert d'une couche verdâtre, d'aspect particulier. Cette vase est constituée par des filaments courts, arrondis, parmi lesquels pullulent les Daphnies. L'observation montre que les filaments courts sont des excréments de Limnées, où l'on retrouve des débris végétaux et de nombreuses algues microscopiques. Le tube digestif

(1) A. Berthoule, *Loc. cit.*, p. 43.

des Daphnies contient cette substance. Ce fait démontre donc que les Daphnies recherchent pour leur alimentation les substances modifiées et rejetées par les Limnées (1). »

On sait quelle est l'énorme fécondité des Entomostracés; leur régime étant bien déterminé, il serait facile d'avoir des bassins spéciaux d'élevage où toutes les conditions favorables d'existence seraient réunies pour assurer la multiplication de ces animalcules.

Les Crustacés qui fréquentent nos lacs sont assez nombreux. Il y a lieu de mentionner tout d'abord l'Ecrevisse qui est assez répandue (Aydat, Chambon, etc.). On l'a même introduite au Pavin et elle s'y est développée « au point de constituer, dans une certaine mesure, une gêne pour la pêche. Les Ecrevisses dévorent les appâts mis aux lignes de fond et jusqu'au poisson qui y a mordu, dès qu'il vient à attérir, sans donner elles-mêmes en échange un produit économiquement appréciable (2). »

Les Isopodes fournissent une espèce commune, l'*Asellus aquaticus*. Aux Amphipodes se rapportent les *Gammarus*, très fréquents dans toutes nos eaux. Le *Gammarus pulex* constitue une abondante nourriture pour les Salmonides déjà développés, alors qu'il en détruit des quantités à la période du sac vitellin (3).

Ce sont les Entomostracés qui soulèvent au point de vue où nous sommes placés les études les plus intéressantes. Leurs nombreuses formes répandues à profusion dans nos lacs sont en général parfaitement adaptées à la vie pélagique; leur dispersion quelquefois singulière fait naître la question du mode de peuplement dont l'étude ne

(1) Dʳ Girod. Ass. fr. av. Sc. Besançon, 1893, t. I, p. 256.
(2) A. Berthoule. *Loc. cit.*, p. 18.
(3) Boutan. Ass. fr. av. Sc. Pau, 1892, p. 228.

constitue pas un des chapitres les moins captivants de l'histoire des lacs.

Les Cladocères et les Copépodes de la faune française, aujourd'hui bien connus, grâce aux recherches de MM. Richard et de Guerne, sont largement représentés dans notre région.

A vrai dire, il est difficile d'acquérir une connaissance exacte de cette faune spéciale pour un lac donné. Des pêches répétées à toutes les heures, dans toutes les saisons, sont absolument indispensables. Rien de variable en effet comme la composition du « Plankton ». La remarque a été faite pour la flore, elle n'est pas moins vraie pour la faune.

D'une excursion à l'autre, celle-ci paraît modifiée. *Daphnia longispina*, abondante en août 1887 au lac Pavin, manque totalement en août 1889; *Hyalodaphnia apicata*, recueillie d'abord par milliers au Chambon, fait ensuite défaut. De même pour *Acroperus leucocephalus*, *Alona affinis*, *Cyclops coronatus*, à Anglard; de même pour toute une série d'espèces qu'il serait fastidieux d'énumérer (1).

Au cours d'une même journée, le Plankton n'est pas moins variable pour une zone déterminée. En novembre 1892, des pêches poursuivies sans interruption de jour et de nuit, nous ont montré jusqu'à l'évidence cette migration des espèces.. MM. de Guerne et Richard ont établi, d'autre part, des données précises sur ces étranges variations, d'après les pêches de M. l'ingénieur Delebecque. Nous les rapportons ici en détail :

« A Nantua le 10 octobre, une pêche exécutée à 2 mètres de profondeur et ayant duré 9 minutes fournit, à 2 heures de l'après-midi, 12 cc. 2 de matière vivante; à 2 h. 10, le même jour, à 30 mètres, on recueille en 8 minutes 16 gr. 5 de Plankton. Dans le même lac, le 25 février, à 2 heures

---

(1) Richard. In Berthoule, *loc. cit.*, p. 119 et *sq.*

également, une pêche de 10 minutes à la surface ne produisit que 0 gr. 5.

» Dans le lac de Sylans, le 28 octobre, à 9 heures du matin, une pêche exécutée à 2 mètres de profondeur donne en 10 minutes 9 gr. 2 de Plankton; une seconde pêche d'égale durée faite aussitôt après, à 10 mètres ne rapporte que 4 cc. 8 de la même matière. Le 13 mars, à 2 heures de l'après-midi, une pêche prolongée pendant 20 minutes, à 2 mètres, donne seulement 0 gr. 2.

» A Saint-Point, le 21 septembre, 3 pêches de 10 minutes chacune, faites respectivement à 9 heures, 9 h. 10 et 10 heures du matin, fournissent, la première à $0^m 20$, la seconde à 15 mètres et la troisième à 30 mètres de profondeur : 1 cc. 3, 5 cc. 7 et 9 cc. 1 de Plankton.

» A Rémoray, lac très voisin du précédent, on obtient en 10 minutes également, le 21 septembre, à 5 heures de l'après-midi, 6 cc. 6, à $0^m 30$ de profondeur, et près du double, 12 cc. 5, le 23 septembre, à midi, par 12 mètres de profondeur, peut-être à cause de l'intensité de la lumière et de l'élévation de température.

» A Chalain, le 8 avril, 2 pêches de 10 minutes chacune exécutées à 3 h. et 3 h. 10 de l'après-midi donnent, l'une, à 2 mètres, 12 cc.; l'autre, à 10 mètres, 3 cc. 9 de Plankton (1). »

Ces variations du Plankton sont bien curieuses et il serait fort intéressant d'en rechercher les causes.

La faune des Entomostracés de nos lacs est résumée dans le tableau synoptique suivant, établi d'après les listes données par M. Richard, dans l'ouvrage de M. Berthoule, que nous avons eu si souvent l'occasion de citer :

---

(1) De Guerne et Richard. *Faune pélagique des lacs du Jura.* C.-R. Acad. des Sciences, 1893, t. II, p. 187.

FAUNE DES LACS D'AUVERGNE

Entomostracés

	Anglard.	Aydat.	Chambon.	Chauvet.	E'cauzes.	Guéry.	Landie.	Montcineyre.	Pavin.	Tazanat.
Holopedium gibberum Zad....					×	×	×	×		
Sida crystallina O. F. Mul...	×	×			×			^		
Daphnella brandtiana Fisch..	×	×	×		×					×
Daphnia longispina Leyd. ...	×	×		×	×	×	×	×	×	×
Ceriodaphnia reticulata Jur..		×								
Ceriodaphnia pulchella Sars..	×						×	×		
Simocephalus vetulus O, F. M		×			×					
Hyalodaphnia apicata Kurz...			×							
Bosmina longirostris O. F. M.	×	×	×			×		×		×
Bosmina obtusirostris Sars....					×					
Streblocerus serricaudatus Fis.					×					
Eurycercus lamellatus O. F. M.		×								
Camptocercus rectirostris Sch.		×								
Acroperus leucocephalus K ...	×	×								
Alona costata Sars..........		×								
Alona affinis Leyd..........	×	×						×	×	
Alona rostrata Koch........					×					
Alona rectangula Sars.......					?					
Pleuroxus trigonellus O. F. M.		×								
Pleuroxus truncatus O. F. M..	×	×			×					
Pleuroxus personatus Leyd...		×								
Pleuroxus excisus Fisch......		×			×					
Pleuroxus nanus Baird.......		×								
Chydorus sphaericus O. F. M..	×	×			×					
Polyphemus pediculus De Geer.					×				×	
Diaptomus denticornis Wier..	×	×					×	×	×	×
Diaptomus caeruleus Fisch. ...					×					
Diaptomus laciniatus Lillj....				×						
Cyclops coronatus Claus......	×	×			×			×		
Cyclops serrulatus Fisch......		×			×					
Cyclops strenuus Fisch.	×		×	×		×		×	×	×
Canthocamptus staphylinus J.		×								

La composition de cette faune donne lieu aux remarques déjà faites à propos de la flore : la population lacustre ne comprend qu'un petit nombre d'espèces de large répartition à côté d'une quantité de formes extraordinairement disséminées.

Les premières sont, pour nos lacs : *Cyclops strenuus* (7 lacs), *Daphnia longispina* (6 lacs), *Bosmina longirostris* (6 lacs), *Diaptomus denticornis* (6 lacs), *Daphnella Brandtiana* (5 lacs), *Holopedium gibberum*, *Alona affinis*, *Sida crystallina*, *Cyclops coronatus* (1) (4 lacs).

On ne saurait insister beaucoup sur la distribution des espèces erratiques, en raison de la variabilité de la faune et du nombre toujours restreint des pêches effectuées. Il en est cependant parmi elles qu'on ne saurait passer sous silence, telles : *Diaptomus laciniatus* et *Streblocerus serricaudatus.*

L'Auvergne est la première région française où l'on ait signalé ces deux espèces. *Diaptomus laciniatus* n'était connu jusqu'alors que dans le lac de Genève, dans quelques montagnes de la Norwège et dans la péninsule de Kola ; M. Richard l'a retrouvé ensuite dans le Jura et les Pyrénées. — *Streblocerus serricaudatus* a été trouvé en Russie, en Norwège, en Bohême et dans plusieurs lacs de San Miguel (Açores) (2), mais n'est point cité des Pyrénées ni du Jura.

La faune du Jura, étudiée par MM. de Guerne et Richard (3), comprend un certain nombre des espèces que nous venons de citer :

Sida crystallina.	*Chydorus sphæricus.*
Daphnella Brandtiana.	*Diaptomus cœruleus.*
Ceriodaphnia pulchella.	*Diaptomus denticornis.*
Bosmina longirostris.	*Diaptomus laciniatus.*
Alona affinis.	

(1) Ces trois dernières espèces ne font point partie de la faune pélagique.
(2) Richard. *Loc. cit.*
(3) De Guerne et Richard. C.-R. Acad. des Sciences, 1893, t. II, p. 187.

Les formes suivantes manquent dans notre région :

Cyclops Leuckarti.	*Bytotrephes longimanus.*
Diaptomus gracilis.	*Heterocope saliens.*
Diaptomus graciloïdes.	

Les deux dernières sont nouvelles pour la faune française.

Enfin, les pêches de M. Belloc, dans les Pyrénées, ont fourni également un certain nombre d'Entomostracés (1) :

Cyclops strenuus.	*Daphnia longispina.*
Cyclops strenuus v. voisine de *C. abyssorum.*	*Daphnia pulex.*
	Ceriodaphnia pulchella.
Diaptomus cerulœus.	*Bosmina longirostris.*
Diaptomus laciniatus.	*Alona affinis.*
Daphnella Brandtiana.	

Cette liste qu'on ne peut certainement considérer comme définitive suffit pour montrer le rapport étroit qui lie à nos deux autres faunes celle des Pyrénées. Et pourtant celle-ci se trouve placée dans des conditions bien spéciales : parmi les lacs qui la possèdent, deux seulement sont dans une zone inférieure à 700 mètres; l'altitude des autres varie de 1,500 à 2,215 mètres.

En somme, nos lacs d'Auvergne possèdent quelques formes encore inconnues dans le Jura et les Pyrénées : *Holopedium gibberum*, *Ceriodaphnia reticulata*, *Pleuroxus truncatus*, etc. Mais, de la comparaison que nous venons de faire, se dégage un fait d'ordre plus général : la distribution des espèces, telle que nous l'a montrée l'étude particulière des lacs d'Auvergne, se montre encore la même si nous considérons l'ensemble de notre faune. *Daphnia longispina*, *Bosmina longirostris*, *Cyclops strenuus*, *Daphnella Brandtiana*, qui se trouvent réparties dans le plus grand nombre de nos lacs, sont précisément les espè-

(1) *Id. Ass. fr. av. Sc.* Pau, 1892, t. II, p. 526.

ces communes aux trois régions que nous avons étudiées. Des exceptions, il est vrai, peuvent être citées : *Holopedium gibberum*, assez répandu dans nos lacs, fait ailleurs défaut ; *Diaptomus laciniatus*, trouvé seulement au Chauvet, n'est pas inconnu dans le Jura et les Pyrénées. Mais il est certain que la répartition de beaucoup d'espèces est sous la dépendance de facteurs particuliers dont il ne faut point négliger l'importance.

VII.

ROTIFÈRES. — SPONGIAIRES.

Parmi les autres groupes que comprend la faune lacustre, nous avons bien des lacunes à signaler. Quelques-uns d'entre eux seulement ont été l'objet de travaux particuliers, tandis que la difficulté de recherches, la pénurie des moyens d'observations, arrêtaient les naturalistes voués à l'étude des autres.

Les Hydrachnides, dont les formes les plus répandues dans nos lacs ont été signalées par M. Eusebio (1) (*Atax crassipes, Axona versicolor, Nesœa reticulata, Nesœa rotunda*), font actuellement le sujet de recherches détaillées de la part de M. le professeur Girod (2).

Les Mollusques ont été jusqu'ici complètement délaissés. Leurs espèces lacustres sont d'ailleurs assez peu nombreuses, puisque les Pyrénées n'en possèdent que trois. Il s'agit, il est vrai, d'espèces littorales et « l'usage d'une

(1) J.-B. Eusebio. *Recherches sur la Faune pélagique des lacs d'Auvergne*. *In* Travaux du Laboratoire de Zoologie du Dr P. Girod. Clermont, 1888.

(2) *Cf.* Dr P. Girod. *Recherches sur la respiration des Hydrachnides parasites*. Ass. fr. av. Sc. Besançon, 1893, t. I, p. 248 et 253.

embarcation permettant l'emploi de la drague au milieu
même des lacs amènera sans doute la découverte de
quelques autres formes, notamment de petits Bivalves,
comme cela est arrivé dans un grand nombre de lacs élevés des Alpes (1). » Les Mollusques, recueillis à une altitude supérieure à 1,780 mètres, sont les suivants :

> *Limnœa limosa* Lin. var. *glacialis* Dupuy.
> *Ancylus fluviatilis* Mull. var. *capuloides* Porro.
> *Pisidium casertanum* Poli. var. *lenticularis* Norm.
> —   —   — *pulchella* Jenyns (2).

L'immense série des Vers n'a également donné lieu à
aucun travail. Nos pêches, presque toutes pélagiques, nous
en ont rarement montré; il est à croire pourtant que nos
eaux lacustres en renferment un certain nombre d'espèces,
notamment des Hirudinées, des Planaires, etc. Les Gor-
dius, très communs dans la région de Besse, doivent également s'y retrouver; ces Vers paraissent très répandus dans
les lacs vosgiens où ils habitent la zone des Isoetes (3).

Les deux groupes si curieux des Bryozoaires et des Rotifères méritent de fixer l'attention. Les Bryozoaires de
nos lacs sont encore à décrire; il est probable qu'ils sont
relativement fréquents, car ce sont des êtres de facile dissémination et qui s'adaptent parfaitement à la vie lacustre.
Les Rotifères, en revanche, sont à peu près connus, bien
que la détermination des exemplaires conservés soit difficile. Les recherches de MM. Richard et de Guerne permettent d'en donner une liste intéressante, comprenant
entre autres les formes pélagiques.

---

(1) De Guerne et Richard. *Sur la Faune pélagique de quelques lacs des Hautes-
Pyrénées.* Loc. cit., p. 526.

(2) Fischer. *Faune conchyliologique de la vallée de Cauterets* (2e supplément).
ournal de Conchyliologie, 1878.

(3) Dollfus. *Faune du lac de Gérardmer.* F. des jeunes Naturalistes, nº 212,
p. 114, 1er juin 1888.

Les espèces trouvées dans les lacs d'Auvergne par M. Richard (1) sont les suivantes :

Conochilus volvox Ehr.
Anurœa aculeata Ehr.
Anurœa cochlearis Gosse.
Anurœa curvicornis Ehr.
Notholca longispina Kell.

Polyarthra platyptera Ehr.
Triarthra longiseta Ehr.
Asplanchna helvetica Imhof.
Asplanehna Girodi De Guerne.

Les plus répandues parmi nos lacs se retrouvent également dans le Jura et les Pyrénées (2) :

Anurœa longispina.
Anurœa cochlearis.
Polyarthra platyptera.

Natholca longispina.
Asplanchna helvetica.

De toutes ces formes, la *Notholca longispina* est la plus cosmopolite; nous l'avons recueillie jusque dans le lac souterrain de Soucy (3).

Les lacs du Jura possèdent un Rotifère qui n'a point été signalé dans notre région, *Asplanchna priodonta;* en revanche *Anurœa aculeata, Anurœa curvicornis, Asplanchna Girodi* paraissent y manquer. Cette dernière espèce découverte par M. Richard dans l'étang de Cognet, près de Vichy, puis retrouvée au lac Chambon, a été décrite par M. de Guerne et dédiée à M. le docteur Girod, « à l'initiative duquel sont dues les recherches poursuivies sur la faune de l'Auvergne » (4).

Les Cœlentérés offrent des formes d'eau douce bien connues depuis les expériences de Trembley.

Les espèces du genre *Hydra* ont été l'objet de curieuses recherches physiologiques de la part de M. le docteur Gi-

---

(1) Richard. *In* Berthoule. *Loc. cit.*

(2) De Guerne et Richard. *Loc. cit.*

(3) P. Gautier et C. Bruyant. *Observations sur le Creux-de-Soucy.* Clermont, 1893.

(4) De Guerne. *Excursions zoologiques dans les îles Fayol et San Miguel.* Paris, 1888, p. 54.

rod. On sait que l'*Hydra viridis* possède des corpuscules chlorophylliens, alors qu'une forme voisine en est totalement dépourvue. Mettant à profit cette divergence d'organisation et à la suite d'expériences longues et délicates, M. le docteur Girod a pu établir les conclusions suivantes :

« La chlorophylle de *Hydra* présente l'organisation, les propriétés physiques et chimiques de la chlorophylle végétale ; elle apparaît dans l'œuf comme le font les lencites colorés des végétaux. Les grains observés dans les cellules endodermiques dépendent, comme formation, du protoplasma cellulaire et ne correspondent point à des éléments étrangers (algues monocellulaires) venant du dehors ; par suite, l'association de l'animal hydre et d'algues vertes n'existe pas (symbiose). Enfin, la chlorophylle de l'hydre préside à l'assimilation du carbone et en même temps elle sert, comme pigment vert, aux rapports de coloration de l'animal avec le milieu extérieur (mimétisme) (1). »

Les Spongiaires possèdent également des formes lacustres qui se rapportent toutes à la famille des Spongillides. Nos espèces indigènes ont été relevées avec soin par M. le docteur Girod et ont fourni la matière d'une étude qui est un modèle de clarté (2). Nous ne saurions suivre un meilleur guide.

Les Spongilles rappellent beaucoup par leur aspect général les éponges fines dont nous nous servons pour la toilette. Il est vrai qu'au doigt elles semblent très molles, gélatineuses, mais leur surface présente aussi des orifices ou oscules d'où s'échappe un courant d'eau continu.

Leur forme est variable. Elles sont tantôt en masses

(1) Dr P. Girod. *Recherches sur la chlorophylle des animaux*. Travaux du Laboratoire de zoologie. Clermont 1888.

(2) Dr P. Girod. *Les Eponges des eaux douces d'Auvergne*. — Ibid. *Les Spongilles, leur recherche, leur préparation, leur détermination*. Revue sc. du Bourbonnais, janvier 1889.

cylindriques allongées, coniques ou digitées, tantôt en lames aplaties sur les pierres ou formant manchon autour de petites branches et de tronçons de racines. Elles ont une taille qui varie de quelques millimètres à un décimètre ou plus, suivant les obstacles rencontrés dans leur développement.

Le moment le plus favorable pour la récolte est de juillet à novembre. En effet, à la fin de l'été on voit se former dans la masse des corpuscules arrondis que Linné comparait à des *graines de thym*. Ces corpuscules destinés à la propagation de l'espèce ont reçu le nom de *gemmules*. Or, les gemmules sont nécessaires pour la détermination de l'Eponge et cette dernière ne peut être considérée comme déterminable et complète que si elle possède ses gemmules.

Les Spongilles vivent exclusivement dans les eaux pures et transparentes. Les unes affectionnent les courants rapides des ruisseaux et des rivières, les autres les eaux plus ou moins agitées des lacs ou des grands étangs; toutes aiment l'eau battue et aérée nécessaire à leur vie. Aussi est-il inutile de songer à maintenir dans un bocal une Spongille vivante; un aquarium, largement pourvu d'eau courante, peut seul donner des conditions favorables dans ce cas.

Les caractères distinctifs sont tirés de l'*organisation des gemmules* et d'autre part de la forme des *spicules siliceux* répandus dans les tissus ou fixés sur les gemmules.

Les *gemmules* sont nues, limitées par une membrane chitineuse, lisse, ou bien elles sont protégées à la surface par une double cuirasse de plaques siliceuses. Ces plaques sont réunies deux à deux par une barre transversale et chaque ensemble ainsi constitué prend le nom d'*amphidisque*.

Dans tous les cas, les gemmules examinées au microscope présentent sur un point de leur surface une tache plus claire, arrondie : c'est le hile ou foramen. Ce hile se montre comme un orifice limité par un bord plus ou moins saillant, s'élevant parfois en un tube plus ou moins développé.

Dans la masse du tissu de l'Eponge, on distingue la substance fondamentale ou *parenchyme* et des bandes enchevêtrées en un reticulum plus ou moins dense, bandes de kératose qui forment le *squelette* de l'Eponge.

Des *spicules siliceux* se montrent partout; les uns sont dispersés sans ordre dans le parenchyme : *spicules parenchymateux*, les autres se réunissent en faisceaux sur les bandes de kératose et s'opposent aux précédents comme *spicules squelettiques*. Souvent une couche de parenchyme enveloppe étroitement la gemmule; les spicules qui se trouvent dans cette couche forment des spicules parenchymateux *gemmulaires*.

La conservation des Eponges dans l'alcool à 90° est parfaite; il est bon de noter cependant une modification profonde dans la couleur. Pour la dissociation de l'Eponge et l'étude des spicules, on peut employer la potasse à chaud ou l'eau de javelle.

TABLEAU SYNOPTIQUE DES SPONGILLIDES (1)

Spongillides....

Gemmules sans amphidisques ; des spicules à deux pointes, épars à la périphérie des gemmules : genre *Spongilla*.
- Eponge branchue ; gemmules éparses ; spicules gemmulaires épineux.. — *Sp. lacustris* L.
- Eponge branchue ; gemmules éparses ; spicules gemmulaires lisses .... — *Sp. rhenana* Reiz.
- Eponge massive ; gemmules réunies par groupes de 20 à 30 dans une enveloppe commune ; disposées en couche ou en masse arrondie...... — *Sp. fragilis* L.

Gemmules protégées par une cuirasse d'amphidisques.

- Une seule sorte d'amphidisques égaux et semblables.
  - Les deux disques de l'amphidisque également développés : Genre *Meyenia*.
    - Amphidisques à disques arrondis limités par une circonférence régulière. — *M. erinacea* Ehr.
    - Amphidisques à disques étoilés, limités par un bord denticulé.
      - Espèce indépendante; tige des amphidisques longue .... — *M. fluviatilis* Auct.
      - Espèce indépendante; tige des amphidisques courte........................... — *M. Mulleri* Lict.
      - Espèce parasite sur *Spongilla lacustris*.... — *M. Bohemica* F. Petr.
  - Un des deux disques est rudimentaire: genre *Tubella*....................
  - Un seul disque avec une tige aiguë : genre *Parmula*....................
- Deux sortes d'amphidisques inégaux.
  - Gemmule avec hile simple : genre *Heteromeyenia*....................
  - Hile surmonté d'un tube étalé en lame : genre *Carterius*.
    - Tube gemmulaire terminé par une lame multifide................. — *C. Stepanowii* Dyb.

(1) Ce tableau est extrait du travail de M. le Dr Girod, qui a bien voulu nous autoriser à le reproduire.

Les trois genres : *Spongilla*, *Meyenia*, *Carterius* sont les seuls signalés jusqu'ici en Europe ; les autres sont américains. Parmi les espèces, *Ephydatia bohemica* n'a été trouvée que dans une seule localité de Bohême, et *Carterius Stepanowi* à Charkow (Russie) et à Deutschbrod (Bohême). *Spongilla lacustris* est très abondante au Chauvet et au Pavin (1), où Lecoq l'avait déjà observée en 1859 (2). *Meyenia erinacea*, *M. fluviatilis* et *M. Mulleri*, signalées également en Auvergne par M. Girod, proviennent des ruisseaux ou des rivières.

Enfin les Protozoaires. — Nous devons à M. le docteur Henneguy (3) une notice sur les Protozoaires recueillis par M. Berthoule dans nos lacs. L'un des plus communs est le *Ceratium longicorne* Perty, que M. Henneguy identifie au *C. hirundinella* O.-F. Muller et qui se retrouve dans la plupart des faunes pélagiques lacustres. Les autres formes citées se rapportent aux Infusoires ciliés : *Vorticella sp.*, *Epistylis lacustris?* aux Flagellés : *Dinobryum divergens* Imhof, et aux Péridiniens : *Peridinium tabulatum* Ehr. Par sa composition et sa variabilité, cette faune microscopique donne lieu encore une fois aux observations sur lesquelles nous avons insisté plus haut.

(1) Nous l'avons aussi recueillie dans le lac de Lourdes (Pyrénées), en avril 1893.

(2) Lecoq. *Observations sur une grande espèce de Songille du lac Pavin*. In Mém. Acad. Clermont, 1859.

(3) Dr Henneguy. *Note sur la Faune pélagique des lacs d'Auvergne*. In Berthoule. *Loc. cit.*

VIII.

CONSIDÉRATIONS GÉNÉRALES SUR LA FLORE ET LA FAUNE PÉLAGIQUES (1).

L'étude que nous venons de faire, basée sur les documents actuellement acquis, suffit pour donner une idée générale de la flore et de la faune pélagiques. Toutes les deux se montrent composées d'un nombre assez restreint d'espèces uniformément réparties et d'un nombre plus considérable d'espèces erratiques, abstraction faite, bien entendu, des lacunes qu'entraîne forcément l'insuffisance des recherches.

L'origine de nos lacs est géologiquement récente, et l'on possède d'ailleurs des exemples certains de lacs volcaniques formés à une époque historique (2). Or, « il est de toute évidence qu'au moment où ces lacs sont apparus, les sources qui leur ont fourni la masse d'eau nécessaire n'ont pu en même temps leur apporter les animaux de la faune pélagique (3). » Si les représentants supérieurs de cette faune, les Poissons, ont pu pénétrer par l'émissaire, ou bien être introduits par l'homme, la même cause ne saurait être invoquée, au moins pour la très grande majorité des espèces microscopiques. La présence de ces dernières ne peut être attribuée qu'à leur transport par des moyens divers. Serait-ce précisément à l'insuffisance de ces moyens de transport que sont dues les particularités de la flore et de la faune pélagiques?

(1) *Cf.* De Guerne. *Loc. cit.*
(2) De Guerne. *Loc. cit.*, p. 91.
(3) Eusébio. *Loc. cit.*, p. 17.

Nous avons insisté déjà sur l'identité de la répartition des espèces dans l'ensemble de nos régions lacustres : c'est là un premier fait dont il importe de tenir compte.

D'autre part, le transport des organismes pélagiques ne peut être effectué que par le vent ou les êtres vivants.

L'action du vent est incontestable, mais restreinte. On s'imagine difficilement de quelle façon les courants aériens, au moins dans les circonstances ordinaires, pourraient emporter les êtres purement pélagiques pour les disséminer au loin; en revanche, le fait paraît probable pour les espèces cosmopolites, capables de vivre dans toutes les eaux, même dans les mares bientôt desséchées qui marquent dans leurs pérégrinations autant d'étapes successives; telles la plupart des Diatomées.

Parmi les êtres vivants, les animaux ailés peuvent seuls jouer un rôle efficace dans la propagation des espèces. Les Insectes volumineux, comme les Dytiques, qui changent volontiers de localité, peuvent y contribuer pour une certaine part : Ch. Lyell cite le cas d'un Ancyle fixé sur un Dytique. Mais leur intervention ne saurait être invoquée pour le cas de transport à grande distance.

Ce sont les Oiseaux qui, grâce à leurs longues migrations, sont les facteurs essentiels de cette étonnante dissémination des êtres pélagiques. Leur rôle a été mis en évidence par M. de Guerne dans le consciencieux travail que nous avons cité bien des fois.

Déjà, Darwin avait signalé des exemples de transport par les Oiseaux, mais seulement de transport de graines :

« Bien que les becs et les pattes d'Oiseaux soient généralement propres, il y adhère parfois un peu de terre; j'ai, dans une occasion, enlevé 61 grains (environ 4 grammes) et, dans une autre, 22 grains (1 gr. 4) de terre argileuse, d'une patte de Perdrix dans laquelle se trouvait un caillou de la grosseur d'une graine de vesce. Voici un cas meilleur : j'ai reçu d'un ami la patte d'une Bécasse, à la jambe de laquelle était attaché un fragment de terre sèche pesant 9 grains (0 gr. 58) seulement, mais contenant une graine de *Juncus bufonius* qui, ultérieurement, germa et fleurit. M. Swaysland, de Brighton, qui, depuis quarante ans, étudie avec beaucoup de soin nos Oiseaux de passage, m'informa qu'ayant souvent tiré des Hochequeues (*Motacillæ*), des Motteux et des Tarriers (*Saxicoles*) à leur première arrivée et avant qu'ils se fussent abattus sur nos rives, il a plusieurs fois remarqué qu'ils avaient aux pattes de petites parcelles de terre sèche. On pourrait citer beaucoup de faits qui montrent combien le sol est presque partout chargé de graines.

» Le professeur Newton m'a envoyé une patte de Perdrix (*Caccabis rufa*) devenue, à la suite d'une blessure, incapable de voler et à laquelle adhérait une boule de terre durcie qui pesait 6,5 onces (environ 200 grammes). Cette terre, qui avait été gardée trois ans, fut ensuite brisée, arrosée et placée sous une cloche de verre; il n'en leva pas moins de 82 plantes consistant en 12 Monocotylédonées, comprenant l'avoine commune et au moins une espèce d'herbe, et 70 Dicotylédonées qui, d'après les jeunes feuilles, appartenaient à trois espèces distinctes (1)..... »

Le mode de transport, dûment constaté pour les plantes, est évidemment possible pour ces animaux. Mais ce n'est point seulement en fouillant la vase que les Oiseaux, les Palmipèdes en particulier, peuvent entraîner des débris auxquels sont mêlés des organismes. Leurs plumes en retiennent un grand nombre, et c'est là un fait important qui seul peut expliquer la dissémination des espèces essentiellement pélagiques.

« Me trouvant en bateau sur le lac d'Enghien, près de Paris, j'ai eu l'occasion d'observer un Cygne littéralement chargé de statoblastes de Bryozoaires; ceux-ci mêlés à de la suie et à divers autres objets retrouvés d'ailleurs en

---

(1) Darwin. *L'Origine des espèces.* Traduction Moulinié, p. 390 ; 1873.

abondance, comme les statoblastes eux-mêmes, dans le filet de soie promené à la surface, marquaient d'un trait noir ce que j'appellerai la *ligne de flottaison* de l'Oiseau. Le remous produit par le mouvement du Cygne avait du reste fait monter peu à peu cette sorte de bande sombre et l'avait étendue à la partie antérieure en un large plastron. Un animal sauvage s'envolant dans ces conditions, sans s'être nettoyé, sans avoir circulé parmi les roseaux, emporterait sûrement au loin nombre de statoblastes (1). »

M. de Guerne a fait dans la suite une série d'observations qui viennent confirmer ces premières indications (2), surtout pour ce qui a trait à la faune littorale. D'autre part, M. Eusebio a entrepris une série d'expériences qui ne laissent plus aucun doute sur la question :

« Si dans un bocal de Daphnies, Cypris, Cyclops, on plonge une plume de canard et qu'on la retire ensuite, l'examen à la loupe montre très nettement qu'un certain nombre de ces petits animaux ont été entraînés. Des secousses violentes imprimées à la touffe ne parviennent pas à les détacher tous. Il suffit de l'immerger de nouveau dans un bocal d'eau pure pour les voir de nouveau s'agiter.

» Cette résistance de la Daphnie sous la plume est-elle due à un moyen spécial de fixation sur la barbule ? L'examen microscopique auquel j'ai soumis une série de Daphnies ou de Cyclops, se trouvant dans de telles conditions, me les a montrés sur la barbule dans les positions les plus diverses, et je n'ai jamais constaté qu'un seul fait : celui de l'adhérence de l'animal à la plume par l'eau interposée par capillarité (3). »

Certains êtres possèdent d'ailleurs une forme excessivement favorable à ce genre de transport. *Notholca lon-*

---

(1) De Guerne. *Loc. cit.*, p. 87.

(2) De Guerne. *Loc. cit. Sur la dissémination des Organismes d'eau douce par les Palmipèdes.* Ass. fr. av. sc., Oran, 1888, t. II, p. 339.

(3) Eusebio. *Loc. cit.*, p. 23.

gispina, Ceratium longicorne, par exemple, ont le corps pourvus de prolongements très développés par lesquels ils peuvent facilement adhérer aux barbules des plumes : l'aire de répartition de ces deux espèces est extrêmement étendue.

Une condition toutefois est nécessaire pour que le transport s'accomplisse heureusement : il faut que les organismes puissent survivre à la dessiccation plus ou moins complète qu'ils ont alors à subir.

Or, la plupart des êtres que comprend la faune pélagique se montrent, au moins à certaines stades de leur développement, extrêmement résistants : les Diatomées, au sujet desquelles nous avons rappelé les expériences de M. P. Petit; les Protozoaires, dont la plupart sont capables de s'enkyster; les Spongilles pourvues de gemmules (1); les Rotifères bien connus à ce point de vue, enfin les Entomostracés dont beaucoup possèdent des œufs d'hiver (Cladocères).

Les travaux de M. Eusebio ont fourni des documents précis sur la résistance de ces derniers. Nous les résumerons rapidement :

Les Entomostracés ne survivent point à une dessiccation rapide et directe, prolongée seulement pendant une heure. Lorsqu'on les dessèche, après leur fixation sur des plumes isolées, la plupart reviennent à la vie, même au bout de 4 à 5 heures (temps maximum). Enfin, si l'on opère avec des faisceaux de plumes, ou des ailes entières, on constate que la limite de viabilité est bien plus éloignée et qu'après 50 heures, beaucoup d'Entomostracés reprennent encore leur activité. — Les expériences poursuivies sur les œufs d'été ont montré une particularité bien intéressante : les embryons prêts à éclore conservent 24 heures (maximum) après la mort de la mère la faculté de se développer au contact de l'eau. Les œufs d'hiver accusent une résistance

(1) Marshall. *Einige vorlæufige Bemerkungen über Gemmulæ der Süsswasserchwæmmie,* Zool. Anz. 1883.

étonnante : des œufs sont recueillis le 7 mars avec la boue
qui les contient ; celle-ci est étalée en couches minces au
fond d'une série de bocaux où on la laisse se dessécher :
deux mois après, cette boue donne encore des éclosions (1).

Dans de telles conditions, on conçoit que la dissémination des organismes pélagiques soit facile ; l'uniformité de
la faune et de la flore lacustres, prises dans leur ensemble,
est une conséquence évidente de ce fait. Les différences
que nous présentent les faunules particulières de nos lacs
ont plutôt lieu de nous surprendre. Les espèces se propa-
geant d'un bout à l'autre d'un continent et même à travers
l'Océan, pour aller peupler les bassins isolés des îles (2),
comment se fait-il que les lacs d'Auvergne, compris dans
une région si restreinte, situés pour ainsi dire les uns à
côté des autres, ne possèdent point identiquement les
mêmes êtres ? On pourra toujours objecter que les recherches ont été insuffisantes ; il n'est guère admissible cependant que les espèces tant soit peu répandues échappent
complètement à l'attention. C'est en grande partie à la
variabilité de la faune pélagique qu'il faut attribuer les
différences observées, et pour déterminer d'une façon certaine la cause de celles qui existent réellement, il sera
indispensable de s'appuyer sur des études poursuivies
pendant des années.

Il est pourtant certain que quelques-unes au moins de
ces divergences tiennent aux conditions spéciales que présente chacun de nos lacs. Si l'on examine par exemple la
répartition géographique du *Diaptomus laciniatus*, on
sera convaincu qu'elle a pour facteur principal la température (3). Ces causes particulières de la distribution des

(1) Eusebio. *Loc. cit.*, p, 21 et *sq*.
(2) De Guerne. *Loc. cit.*
(3) *Cf.* De Guerne et Richard. Ass. fr. av. sc. Pau, 1892, p. 227. — M. de Guerne
(*Ibid*. Oran, 1888) attribue également la répartition irrégulière des espèces erratiques
aux habitudes particulières des oiseaux qui les transportent. C'est évidemment là une
cause de dispersion dont il faut tenir compte.

espèces sont quelquefois bien saisissables, sans ,qu'il soit facile d'en indiquer clairement la nature. Comment expliquer ce fait singulier et très nettement constaté par M. Berthoule, que : « tandis que la Truite remontait jusqu'à l'émissaire du Pavin sans en franchir le seuil, l'Ecrevisse, au contraire, se refuse à le passer en sens inverse et à se propager dans le même ruisseau, alors que l'une et l'autre de ces espèces se plaisent admirablement dans ce vaste vivier (1) ? »

Pour être résolues, toutes ces délicates questions exigent avant tout une connaissance aussi exacte que possible de la Faune : « Etant donné l'intérêt scientifique qui s'attache à des recherches de cette nature, nous devons souhaiter qu'elles soient continuées patiemment pendant un temps assez long pour permettre de dresser sinon l'inventaire complet de cette faune si riche et si variée, mais du moins de réunir un ensemble de documents beaucoup plus importants que ceux que peut recueillir un simple explorateur de passage (2). »

Ce souhait est bien près d'être réalisé, grâce à la création de la station limnologique de Besse.

IX.

LES LACS ANCIENS. — FLORULE DIATOMIQUE.

Plusieurs de nos lacs, comme nous l'avons vu, diminuent graduellement, d'année en année, sous l'envahissement des formations tourbeuses ; leurs rives se rétrécissent sans cesse et l'on peut prévoir le temps où la nappe liquide aura été remplacée par une épaisse couche de verdure. Le lac d'Epinasse, qui paraît un ancien cratère

(1) Berthoule. *Loc. cit.*, p. 18.
(2) Dr Henneguy. *Loc. cit.*, p. 131.

d'après la configuration du sol environnant, s'est ainsi comblé : ce n'est plus aujourd'hui qu'un simple marécage, une narse, pour employer une expression locale.

La disparition de certains lacs de barrage, tels que : Randanne, Verneuge, La Cassière, etc., doit être attribuée à une cause différente.

Les eaux, arrêtées par les coulées laviques, se sont frayé une voie plus large sous l'obstacle, quelquefois avec l'aide de l'homme, et le bassin, plus ou moins considérable, s'est alors desséché peu à peu. L'emplacement de ces anciens lacs est facile à retrouver; à l'époque des grandes pluies, l'émissaire redevient trop faible pour emmener d'emblée la masse d'eau apportée; un nouveau lac se forme, mais d'une durée éphémère. Le fond de ces bassins est occupé par les dépôts dont les lacs actuels nous montrent la formation : la vase constituée par l'accumulation progressive de Diatomées garde intactes leurs carapaces siliceuses que nous pouvons encore étudier à loisir; cette vase constitue la *Randannite* dont on connaît l'utilisation et qui a été signalée pour la première fois, à Ceyssat, par Fournet, en 1832.

Les Diatomées des randannites (1) ont été consciencieusement étudiées par F. Héribaud : quelques-unes sont nouvelles pour la science; d'autres présentent un intérêt particulier en ce sens qu'on ne les a point retrouvées dans nos lacs actuels. Nous donnons ici, pour les principaux lacs disparus de notre région, les florules diatomiques que F. Héribaud a eu l'extrême obligeance de nous communiquer.

(1) F. Héribaud. *Les Diatomées d'Auvergne*. Paris-Clermont, 1893.

Ancien lac de la Cassière.

Cocconeis *Placentula* Ehrb.
Gomphonema constrictum Ehrb.
+   —   —   var. *subcapitata* Grun. (1).
    — ·   *acuminatum* Ehrb.
    —   —   var. *coronata* Ehrb.
+   —   —   var. *laticeps* Grun.
+   —   —   var. *trigonocephalum* Ehrb.
    —   *elongatum* W. Sm. var. *minor* F. Hérib. et M. Pérag.
    —   *Brebissonii* Ktz.
    —   *dichotomum* W. Sm.
    —   *micropus* Ktz.
    —   *angustatum* Grun. var. *producta* Grun.
Amphora affinis Ktz.
    —   *pediculus* Grun.
Cymbella cistula Hempr.
    —   *naviculiformis* Auersw.
Encyonema ventricosum Ktz.
Epithemia turgida Ktz.
    —   *gibba* Ehrb. var. *ventricosa* Grun.
    —   *zebra* Ktz.
Stauroneis acuta W. Sm.
    —   *Phœnicenteron* Ehrb.
+   —   *mesopachya* Ehrb. (nouv. pour la France).
    —   *anceps* Ehrb.
⊛   —   —   var. *amphicephala* Ktz.
Navicula major Ktz.
    —   *viridis* Ktz.
    —   —   var. *commutata* Grun.
    —   *Brebissonii* Ktz. var. *diminuta* Grun.
    —   *rupestris* Ktz.
    —   *subcapitata* Greg.
+   —   *bicapitata* Lag. var. *hybrida* Grun.
    —   *biceps* Greg.
    —   *mesolepta* Ehrb.
    —   —   var. *stauroneiformis* Grun.
    —   *gracillima* Greg.
    —   *borealis* Ehrb.
    —   *radiosa* Ktz.
    —   *rostellata* Ktz.
    —   *lanceolata* Ktz.

(1) Les espèces et variétés marquées du signe + n'ont pas été trouvées à l'état vivant dans nos lacs actuels. — Le signe ⊛ désigne les espèces ou variétés particulières au dépôt.

Navicula cryptocephala Ktz.

—   *menisculus* Schum.

⊘   —   *gastrum* Donk. var. *major* F. Hérib. et M. Pérag. *nov.*

—   *dicephala* Ehrb.

—   var. *minor* W. Sm.

—   *elliptica* Ktz.

—   var. *minutissima* Grun.

+   —   var. *oblongella* Næg.

⊘   —   *americana* Ehrb. (nouv. pour la France).

⊘   —   var. *bacillaris* F. Hérib. et M. Pérag. *nov.*

⊘   —   var. *minor* F. Hérib. et M. Pérag. *nov.*

—   *limosa* Ktz.

+   —   *bisulcata* Lag.

+   —   *ampliata* Ehrb.

+   —   *pupula* Ktz. var. *minuta* Ktz.

⊙   —   *pseudobacillum* Grun.

⊘   —   var. *major* F. Hérib. et M. Pérag. *nov.*

+   —   *bacilliformis* Grun. (nouv. pour la France).

⊘   —   *lepida* Greg. (nouv. pour la France).

—   *lœvissima* Ktz.

⊘   —   var. *elongata* F. Hérib. et M. Pérag. *nov.*

Hantzschia amphioxys Grun.

Cymatopleura apiculata Prich.

Surirella biseriata Bréb.

—   *saxonica* Auersw.

—   *norvegica* Ehrb.

Synedra ulna Ehrb.

Eunotia major Rab.

—   *bidentula* W. Sm.

—   *monodon* Ehrb. var. *diodon* Ehrb.

—   *minor* Ehrb.

—   *impressa* Grun.

—   *lunaris* Grun.

Fragilaria virescens Ralfs.

—   *capucina* Desm.

—   var. *mesolepta* Rab.

—   *construens* Grun.

—   *binodis* Ehrb.

—   *intermedia* Grun.

—   *elliptica* Sch.

Diatoma anceps Grun.

Meridion circulare Ag.

—   *constrictum* Ralfs.

—   var. *cum valvis internis.*

Tabellaria fenestrata Ktz.

—   *flocculosa* Ktz.

⊕ *Melosira striata* F. Hérib. et M. Perag. *spec. nov.*

Ancien lac de Vassivière.

+ *Gomphonema acuminatum* Ehrb. var. *intermedia* Grun.
—   *parvulum* Ktz.
+   —   *auritum* A. Br.
✪   —   *Hebridense* Greg.
Cymbella norvegica Grun.
Encyonema cœspitosum Ktz.
—   *gracile* Rab.
—   *lunula* Grun.
Stauroneis Phœnicenteron Ehrb.
—   —   var. *gracilis* F. Hérib. et M. Perag. *nov.*
Navicula major Ktz.
—   *viridis* Ktz.
—   *hemiptera* Ktz.
✪   —   *Brebissonii* Ktz. var. *elongata* F. Hérib. et Br. *nov.*
—   *divergens* W. Sm.
✪   —   —   var. *prolongata* Br. et M. Perag. *nov.*
—   *gibba* Ehrb.
—   *tabellaria* Ehrb.
—   *oblonga* Ktz.
—   *serians* Ktz.
—   —   var. *minor* Grun.
✪   —   —   var. *Peragalli* F. Hérib. et Br. *nov.*
—   *exilis* Grun.
—   *crassinervia* Bréb.
✪   —   *lineolata* Ehrb.
✪   —   *limosa* Ktz. var. *subinflata* Grun.
✪ *Epithemia succincta* Breb.
✪   —   *constricta* W. Sm.
—   *zebra* Ktz.
Eunotia arcus Ehrb.
✪   —   —   var. *hybrida* Grun.
✪   —   —   var. *plicata* F. Hérib. et Br. *nov.*
—   *gracilis* Rab.
✪   —   *pectinalis* Rab. var. *ventricosa* Grun.
—   *minor* Rab.
—   *parallela* Ehrb.
—   *lunaris* Grun.
Synedra alna Ehrb. var. *subæqualis* Grun.
—   *tabellaria fenestrata* Ktz.
✪ *Peronia Heribaudi* Br. et M. Perag.
Hantzschia amphioxys Grun.
Nitzschia fonticola Grun.
Surirella splendida Ehrb.
✪   —   *splendidula* A. Sch. var. *minuta* A. Sch.

Surirella angusta Ktz.

⊗ *Stenopterobia anceps* Lewis.

Melosira nivalis W. Sm.

Stephanodiscus astræa Ktz. var. *minutula* Grun.

Ancien lac de Verneuge.

Cocconeis intermedia F. Hérib. et M. Perag. *sp. nov.*

⊗ *Gomphonema subclavatum* Grun. var. *acuminata* F. Hérib. et M. Perag. *nov.*

— — *parvulum* Ktz.

+ — *auritum* A. Br.

Cymbella aspera Ehrb.

Stauroneis anceps Ehrb.

Navicula nobilis Ehrb.

— *gentilis* Donk.

⊗ — *gigas* Ehrb. var. *gracilis* F. Hérib. et M. Perag. *nov.*

+ — *esox* Ehrb. et Donk. (nouv. pour la France).

— *viridis* Ktz.

— — var. *commutata* Grun.

— *rupestris* Ktz.

— *borealis* Ktz.

⊗ — *stomatophora* Grun.

— *mesolepta* Ehrb.

— *macra* Grun.

— *elliptica* Ktz.

— *limosa* Ktz.

— *ampliata* Ehrb.

⊗ — — var. *minor* F. Hérib. et M. Perag. *nov.*

⊗ — *bacillum* Ehrb. var. *minor* V. H.

Epithemia turgida Ktz.

— *gibba* Ehrb. var. *ventricosa* Grun.

Eunotia minor Rab.

— *lunaris* Grun.

— — var. *excisa* Grun.

— — var. *subarcuata* Grun.

Synedra ulna Ehrb.

Fragilaria elliptica Sch.

— *intermedia* Grun.

— *virescens* Ralfs.

⊗ — — var. *elongata* F. Hérib. et M. Perag. *nov.*

— *producta* Grun.

Diatoma anceps Grun.

— — var. *anomalum* W. Sm.

Meridion circulare Ag.

— var. *Zinkenii* Ktz.

Tabellaria fenestrata Ktz.

— *flocculosa* Ktz.

Cymatopleura solea Bréb. var. *apiculata* Pritch.
Surirella spiralis Ktz.
Melosira crenulata Ktz. var. *undulata* F. Hérib. et M. **Perag.** *nov.*

Ancien lac de Randanne.

+ *Cocconeis intermedia* F. Hérib. et M. Perag. *sp. nov.*
⊕ — — var. *minor* F. Hérib. et M. Perag. *nov.*
+ *Gomphonema constrictum* Ehrb. var. *subcapitata* Grun.
+ — — var. *elongata* F. Hérib. et M. Perag. *nov.*
— *capitatum* Ehrb,
— *acuminatum* Ehrb.
+ — — var. *clavus* Bréb.
+ — — var. *laticeps* Grun.
+ — — var. *trigonocephalum* Ehrb.
— *subclavatum* Grun.
+ — *auritum* A. Br.
— *Brebissonii* Ktz.
— *vibrio* Ehrb.
— *cygnus* Ehrb.
— *angustatum* Grun. var. *producta* Grun.
+ — *sarcophagus* Greg.
Amphora ovalis Ktz.
— *pediculus* Grun.
+ — *gracilis* Ehrb.
Cymbella affinis Ktz.
— *aspera* Ehrb.
— *cistula* Hempr.
— *maculata* Ktz. nec Bréb.
— *helvetica* Ktz.
Encyonema ventricosum Ktz.
⊕ — *gracile* Rab. var. *minor* Grun.
Stauroneis Phœnicenteron Ehrb.
+ — *amphilepta* Ehrb.
Navicula dactylus Ehrb,
— *major* Ktz.
— *viridis* Ktz.
— — var. *commutata* Grun.
— *rupestris* Ktz.
— *hemiptera* Ktz.
— *borealis* Ktz.
— *gracillima* Pritch.
⊕ — *notata* F. Hérib. et M. Perag. *sp. nov.*
⊕ — *costata* Ehrb.
⊕ — *megaloptera* Ehrb.
+ — *stauroptera* Grun.

Navicula radiosa Ktz.
—   *elliptica* Ktz.
—   *cuspidata* Ktz.
—   *limosa* Ktz.
—   —   var. *undulata* Grun.
—   *affinis* Ehrb.
—   *ampliata* Ehrb.
—   *pumila* Grun.
—   *seminulum* Grun. var. *fragilarioides* Grun.
—   *Creguti* F. Hérib. et M. Perag. *nov.*
Epithemia turgida Ktz.
—   *gibba* Ehrb.
—   *zebra* Ktz.
—   *giberula* Ehrb.
◉   —   *ocellata* Ehrb.
◉ *Eunotia prærupta* Ehrb.
◉   —   *Rabenhorstii* Cl. et Grun. var. *monodon* V. H.
—   *lunaris* Grun.
Synedra ulna Ehrb.
Fragilaria construens Grun.
Tabellaria fenestrata Ktz.
Cymatopleura solea Bréb.
Hantzschia amphioxys Grun.
+ *Nitzschia spectabilis* Rab.
Melosira varians Ag.
—   *nivalis* W. Sm.
—   *Roescana* Moor.
—   *arenaria* Moor.
—   *crenulata* Ktz.
—   *Varennarum* F. Hérib. et M. Perag. *sp. nov.*

TABLE DES MATIÈRES

———

		Pages.
Chapitre I.	— Etude physique des lacs......................	2
Chapitre II.	— Flore macrophytique.........................	12
Chapitre III.	— Flore microscopique........................	24
Chapitre IV.	— Poissons...................................	29
Chapitre V.	— Insectes...................................	38
Chapitre VI.	— Crustacés..................................	59
Chapitre VII.	— Rotifères, Spongiaires.....................	67
Chapitre VIII.	— Considérations générales sur la flore et la faune pélagiques...............................	76
Chapitre IX.	— Lacs anciens. Florule diatomique..............	82

TABLE DES PLANCHES.

Planche I. — Coupe de la rive orientale du lac de la Landie pour montrer l'allure des formations littorales et la distribution des zones végétales.

Planches II, III et IV. — Coupes de lacs-cratères. Ces coupes sont établies d'après les plans des mêmes lacs publiés par M. l'ingénieur Delebecque dans l'*Atlas des lacs français*.

Clermont-Ferrand, typographie et lithographie G. Mont-Louis, rue Barbançon, 2.

LAC PAVIN

Coupe Verticale

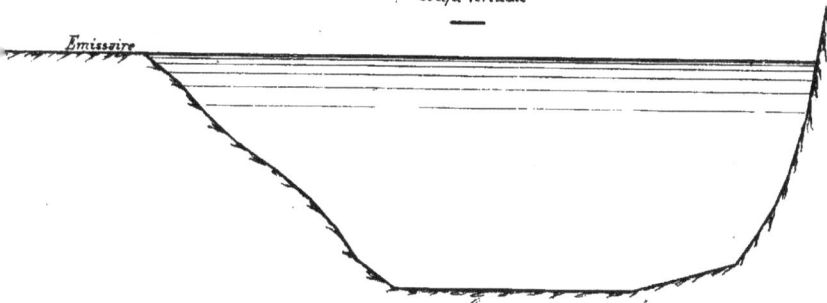

Emissaire

Echelles { des longueurs $\frac{1}{5000}$
{ des profondeurs, le triple

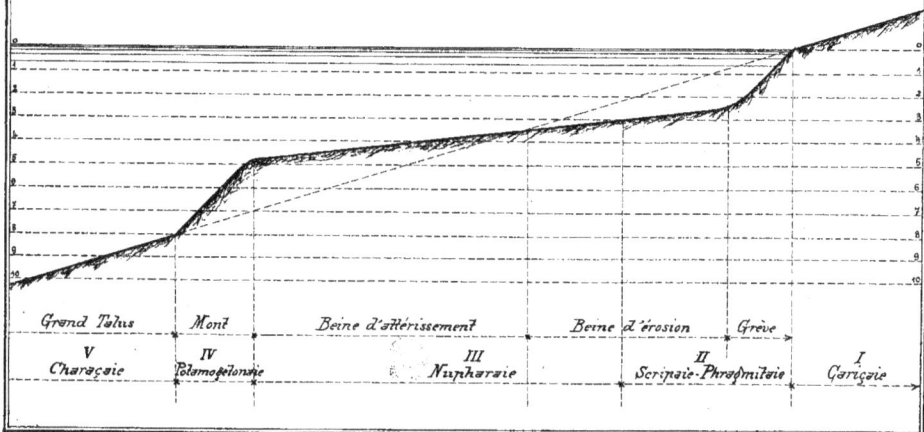

PROFIL SCHÉMATIQUE DE LA RIVE DE LA LANDIE

Rive orientale de la Landie

| Grand Talus | Mont | Beine d'atterrissement | Beine d'érosion | Grève | |
| V Characaie | IV Potamogetonaie | III Nupharaie | II Scirpaie-Phragmitaie | I Cariçaie |

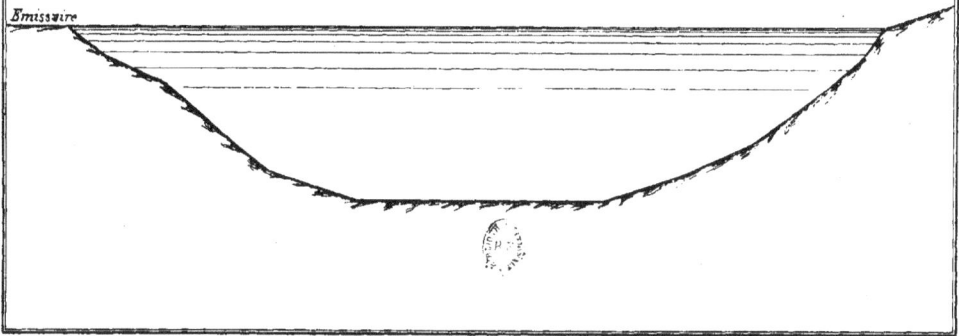

LAC CHAUVET

Coupe Verticale

Emissaire

LAC DE TAZANAS

Coupe Verticale

Emissaire

Echelles { des longueurs $\frac{1}{5000}$
des profondeurs le triple

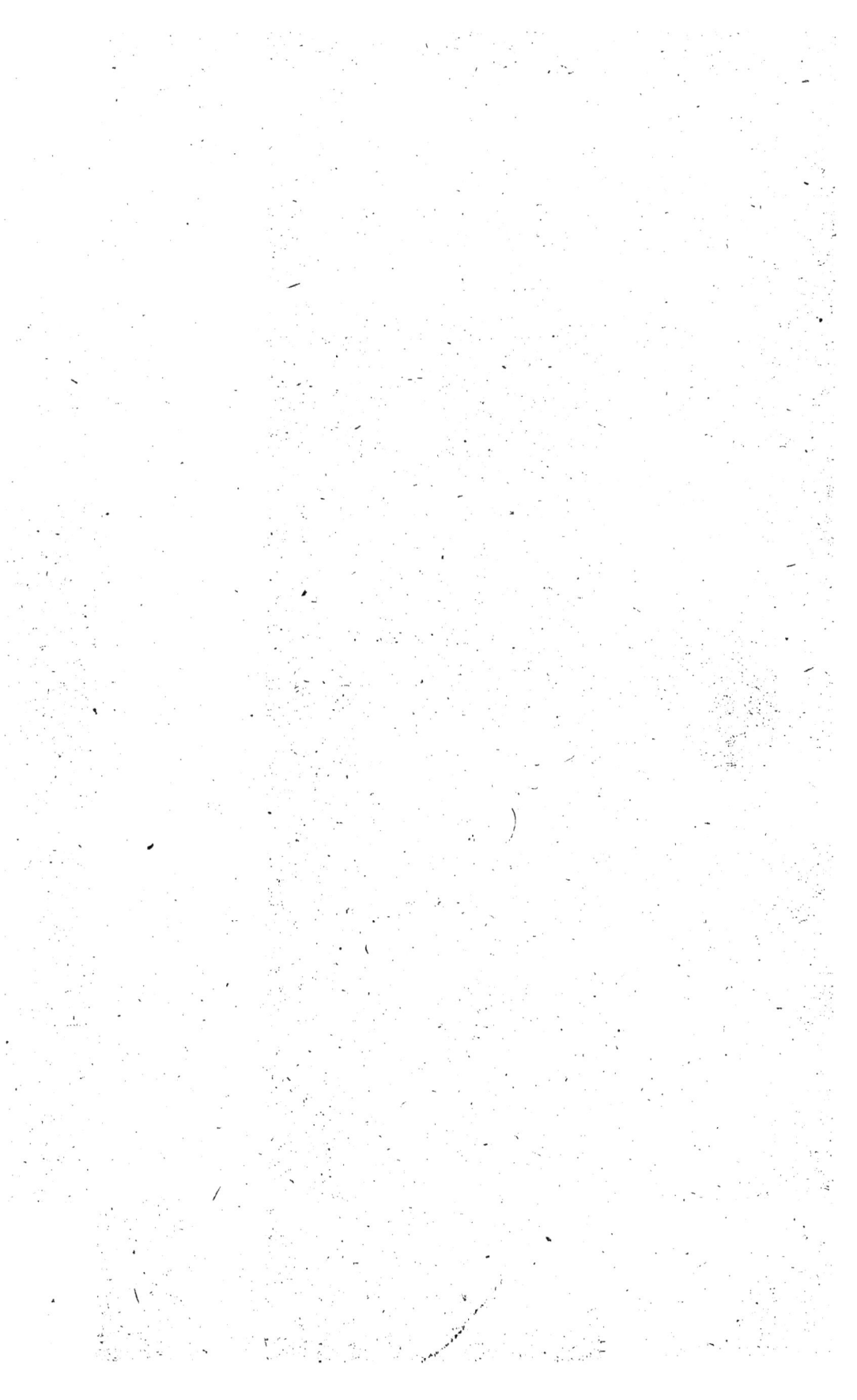

CLERMONT-FERRAND. — IMPRIMERIE MONT-LOUIS, RUE BARBANÇON, 2.

www.ingramcontent.com/pod-product-compliance
Lightning Source LLC
Chambersburg PA
CBHW071517200326
41519CB00019B/5964